当代中国科普精品书系
山石水土文化丛书

中国科普作家协会　　　　总策划
中国科学院院士刘嘉麒　　总主编
倪集众　　　　　　　　　丛书主编

美丽的五色土

土 生 土 长 的 土 文 化

李阳兵 ◎编著

科学普及出版社
·北京·

图书在版编目（CIP）数据

美丽的五色土：土生土长的土文化 / 李阳兵编著.
—北京：科学普及出版社，2019.9
（当代中国科普精品书系 . 山石水土文化丛书）
ISBN 978-7-110-09620-8

Ⅰ.①美… Ⅱ.①李… Ⅲ.①土－文化—中国—
通俗读物 Ⅳ.① P642.1-49

中国版本图书馆 CIP 数据核字 (2017) 第 172885 号

策划编辑	许 慧
责任编辑	杨 丽
责任校对	邓雪梅
责任印制	李晓霖
版式设计	中文天地

出 版	科学普及出版社
发 行	中国科学技术出版社有限公司发行部
地 址	北京市海淀区中关村南大街 16 号
邮 编	100081
发行电话	010-62173865
传 真	010-62173081
投稿电话	010-62176522
网 址	http://www.cspbooks.com.cn

开 本	720mm×1000mm 1/16
字 数	223 千字
印 张	14.25
版 次	2019 年 9 月第 1 版
印 次	2019 年 9 月第 1 次印刷
印 刷	北京瑞禾彩色印刷有限公司
书 号	ISBN 978-7-110-09620-8 / P·201
定 价	70.00 元

序

刘嘉麒

普及教育，普及科学，提高全民的科学素质，是富民强国的百年大计，千年大计。为深入贯彻科学发展观和科学技术普及法，提高全民科学素质，中国科普作家协会决心以繁荣科普创作为己任，发扬茅以升、高士其、董纯才、温济泽、叶至善、张景中等老一辈科普大师的优良传统和创作精神，团结全国科普作家和科普工作者，调动各方面积极性，充分发挥人才与智力资源优势，推荐或聘请一批专业造诣深、写作水平高、热心科普事业的科学家、作家亲自动笔，并采取科学家与作家相结合的途径，努力为全民创作出更多、更好、水平高、无污染的精神食粮。

在中国科协领导的指导和支持下，众多作家和科学家经过三年多的精心策划，编创了《当代中国科普精品书系》。这套丛书坚持原创，推陈出新，力求反映当代科学发展的最新气息，传播科学知识，倡导科学道德，提高科学素养，弘扬科学精神，具有明显的时代感和人文色彩。该书系由15套丛书构成，每套丛书含4～10部图书，共约100余部，达2000万字。内容涵盖自然科学和人文科学的方方面面，既包括太空探秘、现代兵器等有关航天、航空、军事方面的高新科技知识，和由航天技术催生出的太空农业、微生物工程发展的白色农业、海洋牧场培育的蓝色农业等描绘农业科技革命和未来农业的蓝图；也有描述山、川、土、石，沙漠、湖泊、湿地、森林和濒危动物的系列读本，让人们从中领略奇妙的大自然和浓郁的山石水土文化，感受山崩地裂、洪水干旱等自然灾害的残酷，增强应对自然灾害的能力，提高对生态文明的认识；还可以读古诗学科学，从诗情画意中体会丰富的科学内涵和博大精深的中华文化，读起来趣味横生；科普童话绘本馆会同孩子们脑中千奇百怪的问号形成一套图文并茂的丛书，为天真聪明的少年一代提供了丰富多彩的科学知识，激励孩子们异想天开的科学幻想，是启蒙科学的生动画卷；创新版的十万个为什么，以崭新的内容和版面揭示出当今科学界涌现的新事物、新问题，给人们以科学的启迪；当你《走进女科学家的世界》，就会发现，这套丛书以浓郁的笔墨热情讴歌了十位女杰在不同的科学园地里辛勤耕耘，开创新天地的感人事迹，为一代知识女性树立了光辉榜样。

科学是奥妙的，科学是美好的，万物皆有道，科学最重要。一个人对社会的贡献大小，很大程度取决于对科学技术掌握运用的程度；一个国家，一个民族的先进与落后，很大程度取决于科学技术的发展程度。科学技术是第一生产力这是颠扑不灭的真理。哪里的科学技术被人们掌握得越广泛越深入，那里的经济、社会就会发展得快，文明程度就高。普及和提高，学习与创新，是相辅相成的，没有广袤肥沃的土壤，没有优良的品种，哪有禾苗茁壮成长？哪能培育出参天大树？科学普及是建设创新型国家的基础，是培育创新型人才的摇篮，待到全民科学普及时，我们就不用再怕别人欺负，不用再愁没有诺贝尔奖获得者。相信《当代中国科普精品书系》像一片沃土，为滋养勤劳智慧的中华民族，培育聪明奋进的青年一代，提供丰富的营养。

前言

一

　　看到"前言"的题目似乎与读者拿在手上的《山石水土文化丛书》中的任何一册的内容都不搭界。且待我慢慢说来。

　　什么是"地球科学文化"？

　　先说地球科学。它是探讨地球的形成、发展和演化规律，及其与宇宙中其他天体关系的科学。它的研究范围上涉宇宙空间，下及地球表面以至地球核部的所有物理的、化学的和生物的运动、性状和过程。在三四百年的发展历史中，地球科学经历了初期的进化论阶段、中期的板块构造论阶段和近期的地球系统科学阶段；这个崭新的地球系统科学的阶段无论从科学发展还是人类社会发展的角度，都要求人们将地球作为宇宙巨系统中的一个子系统来研究，要求从可持续发展的角度对待自然界。它与前面两个阶段最大的区别，就在于要竭力打造新型的地球科学文化观。

　　"文化"广义而言就是人类社会所创造的物质财富、生活方式和精神理念的总和；生活方式是指人与自然界之间的相互作用过程，精神和理念则包括人的世界观、人生观，以及处理人与人之间、人与社会群体之间、人与自然界之间关系的方式和准则；从狭义来说，文化是人类的意识形态对自然界和社会制度、组织机构、生活态度的反馈，是人的智慧、思想、意识、知识、科学、艺术和观念的结晶。一言以蔽之，"文化"就是以文学、艺术、科学和教育的"文"来"化"人。

由此看来，地球科学知识本身也是一种文化。但是，纯粹的地球科学知识的"结晶体"中如果缺少了文化元素，也就失去了"灵魂"和精神、理念的支柱，危机便由此而生。新的地球科学文化观要求我们建立新的地球观、宇宙观、人生观以及资源不可再生意识、环境保护意识、水资源意识、土地意识、海洋意识、地质灾害意识、地质遗迹保护意识和保存地质标本及图书珍品的意识，因为这些理念和意识的建立与深化直接影响到人生观和世界观。其基本目标是人与自然的协调和人类社会的科学发展之路。

世纪之交所孕育的地球系统科学，使地球科学成为二十一世纪与人类社会发展关系最密切、最重要、最伟大和最具发展空间的一门科学。

自从人类登上地球"主宰者"的宝座以来，思想上形成了一套定式思维：我是地球的主人；征服自然是人类的使命。可是，当历史的时针走到二十世纪后叶的时候，这种思维遇到了不可逾越的障碍——文化；不是说文化阻挡了人类征服地球的企图，而是人类自己的行为造成的种种危机向人类提出了警告：水危机、土地危机、粮食危机、资源危机已经危及人类的生存，这种危机实质上就是文化的危机，是机械的世界观和方法论出了毛病，是定式思维引发人与自然、人与社会、人与人之间矛盾的总爆发。

二十世纪七八十年代，地球科学家首先看到了这一点，社会上有识之士也看到了这一点。

于是，地球系统科学将研究的对象系而统之地扫入了自己的研究领域，产生了意识、思想和理念等文化元素的地球科学文化，将自然科学与人文科学、社会科学联姻，引导地球上所有的"球民"自觉地、文化地对待地球。这种文化是人类认识、理解、开发和利用地球的指导方针，是调整人与自然关系的准则，是人类在社会实践过程中积累的精神成果和物质成果。

这就是地球科学文化产生的社会、历史和文化背景。

二

笔者在数十年的科研、科技管理和科普工作中，深切地感到我们工作的"软肋"不仅在于数量不足和普及面窄，也不完全在于科普投入量少和手段的落后，而是在于质量和内容上明显的"扬自然科学，抑人文科学""重知识传播，轻科学精神和科学方法宣传"的倾向。深感应将科普工作的目标定位在自然科学与人文科学的结合面上，促进人生观、世界观和理念的更新；应同时注重机制创新、内容创新和形式创新并举，明确没有文化意义上的素质是空洞的、不能实践的，因而也是虚假的"素质"。

作为地球科学工作者，义不容辞的职责是在深化科学研究的同时，普及科学知识，宣传科学方法，树立科学理念，弘扬科学精神，走出一条地球科学文化的创新之路。这也就是我们决心撰写一套融地球科学知识于文化之中的科普丛书的初衷。早在二十世纪末，笔者就开始构思这样一套书。虽因种种原因而时常"搁浅"，但编辑一套《地球科学文化丛书》的想法始终"耿耿于怀"：总希望山文化、石文化、水文化和土文化有那么一天化成文字，走进千家万户。2008 年年初，这一夙愿终于见到了"曙光"：这一设想被列入了中国科普作家协会《当代中国科普精品书系》计划之中。真是"十年磨一剑"！在他们热情的支持和指导下，编辑出版工作顺利开展。

现在诸位看到的这套讲述山文化、石文化、水文化、土文化和赏石文化的丛书，仅仅是向读者介绍地球科学文化的一个侧面，远远不是地球科学文化的全部，我们只是想通过自然界最常见、最习以为常的山、石、水、土中的文化元素，来显现地球科学文化的"冰山一角"。

最后还有两点希望：一是我们这个写作团队的成员都是自然科学"出身"，撰写过程中深感从自然科学知识分析其文化内涵颇有难度，常常是心有余而力不足；但这毕竟是我们自己知识层面上一次"转型"的尝试，希望能听到读者和文化界行家的批评指正。二是祈望这一套书能为地球科学文化起到抛砖引玉的作用：企盼有更多的人走进自然，亲近自然，热爱自然，保护自然；我们的科普讲坛上涌现出气文化、茶文化、花文化、树文化、竹文化，以至森林文化、公园文化、旅游文化、生态文化……的丛书。

总之，如若这套书能得到读者的欢迎和厚爱，则心满；如若再能看到一个百花盛开的地球科学文化的书市，则意足矣。

愿地球科学文化走进千家万户。

谨此

草于 2009 年 11 月 28 日

2017 年 6 月 8 日修改

编著者的话

　　土是一切的根源。宇航员从太空看到的地球是一颗璀璨光辉的星球。地球是如此的美好。虽然地球按其自身的规律不停地转动，但愈来愈强烈而频繁的人为活动打破了原有的环境与人类生活的和谐。"我们只有一个地球，地球是人类的家园"的呼声日益高涨。

　　地球上的芸芸众生，其实只是生活在地球薄薄的"皮肤"上：每天忙忙碌碌，归根结底是在同这层"皮肤"上的岩石和土壤打交道；从坚硬到柔软，又从柔软到坚硬，我们脚下亘古不变的土地经历了千万年的耕耘和岁月的磨砺。

　　土壤对我们来说是最熟悉不过的了，我们脚下走的路，植物生长的土地以及生活用水的来源，都与之有着密切的关系。因为有了泥土，才有了茂密的森林，给我们挡风遮雨的住所，这是我们生存的家园；因为有了泥土，我们所有的种子才能播下，使我们有足够的粮食，这是人体热能的来源。

　　土壤是一个国家最重要的自然资源，是农业发展的物质基础。没有土壤就没有农业，也就没有人们赖以生存的衣、食原料。"民以食为天，农以土为本"道出了土壤对国民经济的重大作用。由于人口不断增加，人类对食物的需求愈来愈多，土壤在人类生活中的作用也愈来愈重要。人们必须更深入地了解土壤，利用和保护土壤。

中国几千年的传统社会是以农耕为主的农业社会，土地是农业社会赖以存在和发展的最基本条件。在这种类型的社会中没有什么能比土地更宝贵、更值得尊崇的东西了。由此便形成了内容丰富、五彩缤纷的土文化。这种以土地为载体的文化，大致有两个层面的含义：其一是指以土壤资源及与之密切相关的以垦土、用土、治土等为主要内容的物质层面的土地文化；其二是指以土地为本的理念及由此衍生的以乡土民俗等为根基的精神层面的土地文化。这两个层面的文化，实实在在是土生土长、民生民长的土文化，在一个相当长的历史时期中逐步孕育和形成的地域文化。

"面朝黄土背朝天"这句话虽然似乎是表述一个姿势，却给了人类几千年丰衣足食的生活。每一个离乡的人都会带一些泥土，他们说："离故土愈远，心离家愈近，一把故乡的土铺就回家的路。"这种魅力来自何处？来自"土"。回答了这两个问题，就明白笔者乐意为诸位奉献《美丽的五色土》的缘由了。

由于本书涉及土壤学、地质学、农学、地理学、生态学、民俗学、历史学和考古学等诸多学科的知识，囿于笔者的水平，书中难免有疏漏和错误，敬请专家学者多多赐教。

这里要特别提到的，书中援引了一些教科书、学术期刊、画报和网站上的资料、插图与照片，大多数资料、插图与照片的作者已无从联系，因此只能在此表示感谢。感谢这么多作者为我国的科学普及事业做出的贡献。说实在的，整个作品应该是集体创作的结晶，也是前人劳动和科学思想的结晶。

让我们走进土壤科普博览，了解土壤，保护土壤，建设我们美丽的家园；让我们走近地球科学文化，让土壤不仅长出更多的粮食、树木和花草，还奉献出更多的文化；让我们从中汲取更多的文化营养，增添物质财富，丰富精神世界。这是笔者参与编著这套科学文化丛书的初衷，愿与读者共勉。

李阳兵 谨启
2010 年 1 月 8 日

目 录

美丽的五色土

土生土长的土文化

　　土，地球表层薄薄的"皮肤"，是人类的衣食父母，文明之源。土文化实实在在是土生土长、民（间）生民（间）长最"土"的文化，在文化百花齐放的新世纪，我们有必要进一步挖掘中国土文化的特色，以适应当今社会的转型，走上中国文化健康发展的康庄大道。让我们了解土壤，了解土文化，保护土壤，建设我们美丽的家园。

形形色色的土壤

　　土壤是植物生长的介质、作物生产的基地，是建筑、医药和艺术品的材料，也是水和废弃物的过滤器、动物的家园，还是人类文化的重要源泉。

　　自然界许多事或物，看起来很简单，深究一下却高深莫测。土就是这样，它看起来很简单，没有什么花样，其实土里蕴藏着无穷的知识和宝藏，有着丰富的科学内涵和文化内涵。形形色色的土壤是各种自然过程的综合体，反映了地理、气候、生物与人类历史的发展进程。

什么叫"土壤"

咬文嚼字说"土"话"壤"

人们对脚下的土壤并不陌生，甚至已经普及到熟视无睹的程度了。但是真正对土壤的了解可能只是只鳞片爪而已，而且大多是表象的认识或生产实践中的感性认识。事实上，土壤是地球表层系统的一个重要组成部分，是人类生产和生活中不可缺少的一种重要的自然资源，它为人类社会创造了生存条件和发展环境，抚育着整个陆地生命系统的运行和演化。

"土壤"作为一个词是在汉代以后出现的，最初就是指各种泥土。但当时并无科学的解释，也没有严格地区分"土"和"壤"。只是到了近代，土壤进入了科学的殿堂，成为科学研究的对象时，才有了明确的科学含义。如今我们再从文化的角度来考量土壤，发现它还有极其丰厚的文化内涵，真有点"蓦然回首，那人却在灯火阑珊处"的感觉。

《周礼》的记载表明，几千年前我们的祖先就总结出对土壤的理解："万物自生焉则曰土，以人所耕而树艺焉则曰壤。"《说文解字》中分析："土者，是地之吐生物者也。"还形象解释了"土"字中的"二"代表"地之上"和"地之中"，上一横表示"表土"，下一横代表"底土"，中间的"丨"代表植物的地上部分和地下部分；也表示植物从土中生长出头来，直立向上的形态。看来，我们的祖先很早以前就以"土"表形表意，既说出它的所在之处，又表达了它与植物的关系和作用。

至于"壤"，"以人所耕而树艺焉则曰壤"，意思是说土经过人为耕作熟化而成壤。"壤"是"土"加一个"襄"，"襄"意为"助"，即指

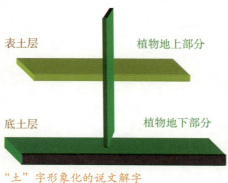

表土层　　　　　　植物地上部分

底土层　　　　　　植物地下部分

"土"字形象化的说文解字

需经过人工培育的"土"才成为"壤"。这就赋予"土壤"一词以文化的含义：由"土"变"壤"需要人类的劳动，必须有外力的协助才能完成。此外，古代也常这样解释"壤"字："壤，柔土也，无块曰壤""壤，天性和美也"。这似乎道出了由"硬"土变为"软"壤的过程和结果。

众说纷纭话"土壤"

土壤覆盖在地球陆地的最表层，决定了我们每个人都必须与之打交道，各行各业都会直接或间接利用土壤的某些特性。但是不同人群眼里的土壤功用不同，对土壤的重视程度也大相径庭。有趣的是不同的行业从不同的角度对土壤有不同的理解。请看：农民和农业科学工作者认为土壤是"植物生长的介质"。水利学家认为土壤是"贮水和输水的多孔介质"。工程专家则把土壤看作"承受一定程度压力的基地"或作为"工程材料"的来源。环境科学家认为土壤是"重要的环境因素""环境污染物的缓冲带和过滤器"。地质学家认为，土壤是在地球上"陆地表面的一个疏松的薄层"，是"近代地质作用的风化产物"，其厚度差异较大，一般山区土层较薄，厚度只有几十厘米；平原地区土层较厚，从几米到十几米，有的地方甚至可达几十米。生态学家从生物地球化学观点出发，认为"土壤是地球表层系统中生物多样性最丰富、生物地球化学的能量交换、物质循环（转化）最活跃的生命层"。土壤学家认为，"土壤与自然界的其他物质一样，不仅是具有一定的物质组成、形态特征、结构和功能的物质实体，而且有着自己发生发展和长期演变的历史"；"土壤是由岩石风化形成的母质在生物等因素的参与下逐渐形成的，是自然界中一个独立的历史自然体"。

真是众说纷纭，各持己见啊。但是，到底谁说了算呢？还是请专门从事土壤研究的土壤学家给它下个定义吧！从科学意义上说，土壤是在地球表面生物、气候、母质、地形、时间等因素综合作用下所形成、处于永远在变化之中的疏松矿物质与有机质的混合物。

读者或许还会有新的看法和定义。我们全面考虑土壤的植物生长、过滤器和缓冲器、基因储存库以及技术、经济和社会功用，给出一个综合的土壤定义，看看是否得到诸位的认可。

土壤

　　我们认为土壤是地球表面生物、气候、母质、地形、时间等因素综合作用下所形成的、可供植物生长的一种复杂的生物地球化学物质；与形成它的岩石和沉积物相比，有独特的疏松多孔结构、化学和生物学特性；它是一个动态生态系统，为植物生长提供了机械支撑、水分、养分和空气条件；土壤支持着大部分微生物群体的活动，以完成生命物质的循环；它维持着所有的陆地生态系统，通过供给粮食、纤维、水、建筑材料、建设和废物处理用地，来维持人类的生存发展；土壤通过滤掉有毒的化学物质和病原生物体，来保护地下水的水质，并提供了废弃物的循环场所和途径或使其无害化。

　　这种定义可能长了点，但确实需要这样认识才能阐明土壤丰富的自然科学和文化的内涵。读者不妨一试，从自然科学和人文科学的角度多作探讨，或许还会有新的收获、新的见解。

土壤和土地

　　漫长的农业生产历史产生了对土地的原始认识。中国古书中有许多关于"土"字的记载。古籍《说文解字》中解释"土"为"土者，吐也，吐生万物"。《礼记·大学》中则记载："有土斯有财。"其中的"土"，有人解释为土壤，也有人解释为土地。英文"soil"（土壤）是从拉丁文"solum"一词衍生的，其原义是指"土地"。可见，无论国内国外，在土地和土壤之间确实存在着似清非清、似是而非的认识，真有点说不清、道不明的感觉。

笔者随意问过一些人，普遍认为"土壤"与"土地"、"土"与"地"是同一事物，没有区分的必要。事实上，"土壤"和"土地"不是同一范畴的概念。土壤只是土地的一个物质组成部分；土地不仅包括土壤要素，还包括地形、植被、水文和人文的要素。土壤作为自然物是可以搬动的，比如土可以"取"，而土地是不能移动的，是不可"取"走的。通常人们所说因地制宜利用土壤，这个时候的土壤实际上已经以土地的形式担当起土地的角色，这种概念上的转化是土壤与土地两个概念经常被混淆的原因之一。

土地是我们经常遇到的一个术语，但是对于"土地"的科学定义，目前还没有统一的认识，不同学者从不同角度对土地有自己的说法。例如，有人把土地看作"不变的、数量固定的三维空间"；有人从土地受自然过程的影响和人工生态系统的观念出发，把土地视为"自然界""基因资源"，甚或与生态系统画上等号；还有人把土地与劳动力、资本相联系，把土地看作"生产资料"或商品。

从农业生产的角度看，土地是一种最基本的不可缺少的生产资料，是生产基地、劳动场所和劳动对象；土地以自身理化性质参与农作物的自然再生产过程，生产人类所需的植物产品。从工程建设角度看，土地可理解为建筑工程的场所、承重受压的基础，以及坝堤等工程的材料或物料。工程技术人员认识和区别土地的主要依据是它的组成和性质，特别是它的力学性质和物理性质。

早期的地学观点将地球的陆地部分、由泥土和砂石堆成的固体场所称为土地；水面（包括海洋、江河、湖泊、池沼等）、地上空气层以及附属于地球表面的各种物质和能量，均不列入土地的范畴。近代地学深化了对土地的认识。二十世纪六十年代以来，多数地学研究者认为土地是一种自然综合体。联合国粮农组织（FAO）1976 年指出："土地是比土壤更为广

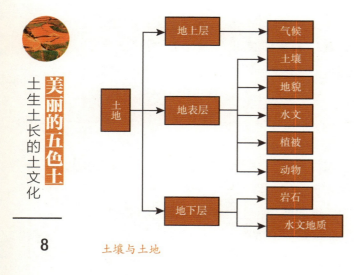

土壤与土地

泛的概念，它包括影响土地用途潜力的所有自然环境如气候、地貌、土壤、植被和水文，以及人类过去、现在的活动成果。"目前这一观点已为学者广泛接受。我想，这样认识土地和土壤，有助于从自然科学和文化领域来理解其异同，也有助于对土文化的诠释。

左图可以帮助我们更好地理解土地与土壤的关系，以及它们的自然属性和文化属性。

土壤是怎样形成的

十七世纪以前，由于世界人口不多，对农业的需求不高，对土壤也只是有一种"有土斯有粮"的朴素的认识。资本主义的兴起，首先要求有充裕的土地资源。因此，地质学、地理学与生物学得到初步的发展，"土壤形成"的认识就在这样的历史条件下产生了。

地球上的土从哪里来

古希腊人认为，世界是由土、水、火和气四种"元素"组成的，石头当然是由土"元素"构成的。地球上是先有石头后有土。土壤的主要成分是一小粒一小粒的石头；因为风吹雨打、热胀冷缩和植物根系的作用，石头逐渐碎裂变成小颗粒，这些小颗粒石头便是土壤的主体。构成土壤的这些岩石颗粒究竟有多大呢？事实上，土壤中主要有三种矿物小颗粒：直径介于 0.075～2 毫米的砂粒，直径介于 0.005～0.075 毫米的粉砂粒和直径小于 0.005 毫米的黏粒。人眼能分辨的最小尺寸是 0.075 毫米，也就是说人只能看到单个的砂粒。而微小的黏粒因为太小了，靠着强大的分子力而紧密团聚"黏"在一起了。

把石头磨成土需要极大的耐心，腐殖质的形成也需要时间。有资料表明，在典型的情况下，要形成 2.45 厘米厚的土层需要 500 年。打个比方，假设明朝正德皇帝在豹房嬉闹之余，突然灵光一闪想要保护陕西的环境，于是下令禁止在黄土高坡上砍树放羊；即使此后的明朝嘉靖、崇祯皇帝和清初的当权者皇太极、康熙皇帝也都能继续执行这项政策，那么，这个地区因此新生的土壤，一直到今天也只有 2.45 厘米而已。如果现在把某处地表层 2.5 厘米的土壤完全移除，到 2520 年这个地方才重新有近似厚度的土壤覆盖。有人通过理论分析和实验给出更加震撼人心的数据：从最初的风化开始，形成 1 毫米的土壤需要 1 万年的时间。即使你有"一万年太久，只争朝夕"的勇气，也只能自叹弗如！无论采用哪种说法，土壤的增殖速度，人类可是永远等不起的。

过去数十年，科学家已经能够通过测定土壤里已知的某些元素同位素的浓度来推测土壤的形成速度。地质学家阿尔琼·海姆萨特（Arjun Heimsath）和他的同事将这一技术运用到美国加利福尼亚州沿海和澳大利亚东南部等温带地区的土壤研究中，发现土壤形成的速率是每年 0.003 ~ 0.008 厘米。因此，在这些地方，形成 2.5 厘米厚土壤需要 300 ~ 850 年。有数据显示，全球土壤形成的平均速度是每年 0.00175 ~ 0.0036 厘米，形成 2.5 厘米土壤需要 700 ~ 1500 年。这样的速度足以让人望"土"兴叹！

现在已经知道，土壤是好不容易才形成的，而其中腐殖质更是弥足珍贵。也就是说，土壤是一种很有用又很有限的东西；有个专门的词——"资源"来指代它们。最近几十年来，地球科学家在努力提醒世人：看起来到处都是的"土壤"不是一个简单的"资源"概念所能包含的，它是一种关系到人类生存、国家长治久安的重要战略资源；不管我们能不能、有没有理解这一点，现在这种资源正在快速消耗，并正在逼近危急的边缘状态。

石头能变成土，那么土还能变回石头吗？答案是肯定的。如果土层足够厚，压在下面的土就会在压力的作用下变成石头；如果是泥土，将会变成泥岩，如果是沙子，就会变成砂岩。这是地质学中形成沉积岩的最简化的过程；这个过程需要上亿年，而石头变成土的过程可以百年为计。所以，不会因为变回石头而损失太多的土。当然也有一些例外，那就是第四纪研究和环境地质学研究中经常提到的古土壤。古土壤是指地质历史时期形成的土壤，主要是在地球地质历史的第四纪时期形成的，偶尔也见于古近纪至新近纪的地层中。更早时期的古土壤大部都已石化，难以辨认，不再称为古土壤。

土壤真面目

在切穿小山的公路两旁或河流下切露出的河谷两岸，常常可以见到土壤的真面目。土壤学家把它综合为土壤剖面图。

完整、标准的土壤，最上面一层是枯枝落叶层（O层），由腐烂的植物残余物组成，包括树叶、针叶、小枝、苔藓、地衣等有机物，就是那些"叶落归根"的落叶等腐烂后的产物。有机质在微生物的作用下，腐烂发酵后变成腐殖质。由于这一层土壤富含腐殖质，它的颜色很深甚至达到黝黑的程度。这层土壤的成分是植物与土壤间循环的重要一环。

O层之下是A层，主要由矿物质组成，也含有大量的有机物，是供应植物根茎养分的储藏室。这一层土壤也是植物的"厨房"，各种植物在这里"八仙过海，各显神通"，尽情展示自己的"厨艺绝活"，经过精心的营养搭配，做出满足自己的可口饭菜。

A层之下是颜色较浅的B层，这里有机质很少，是被下渗的雨水从上面淋滤下来的积聚物，大多是不透水的黏土。它积淀下铁、铝、石膏、硅土等结构比较致密的物质，保持了上面几层的水分（墒）。这一层土质有黏性，常常是制造砖瓦的原料。

继续向下挖掘，就遇到了C层。这一层几乎不含有机质，主要由矿物的颗粒和破碎的岩块组成。土壤层的最底部是R层，即为基岩，完全由原生的岩石组成。所谓"基岩"就是见不到"根"的岩石，也就是没有受到风化作用的原岩。

纵观整个土壤层，由上到下颗粒越来越大，而有机物越来越少。由此，人们可以很自然地联想到，土壤是由岩石"妈妈"变成的；因而这些基岩称为"母岩"，破碎后成为成土"母质"。"母岩"和"母质"这两个形象的用语已经成为专业用语，下面还有很多机会与读者见面。

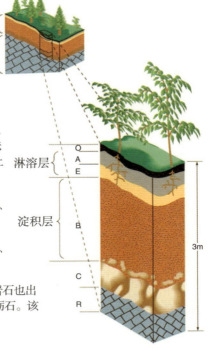

O 层由有机质，包括已经或正在分解的枯枝落叶等组成。该层的颜色通常为茶褐色或黑色。

A 层由矿物或有机质组成，颜色通常为浅黑色到褐色。过滤是由地下水或其他液体溶解、洗涤土壤中物质的过程，发生在 A 层，可将黏土或一些铁离子、钙离子等矿物运送到 B 层。

E 层由浅颜色的矿物组成，并将黏土、钙、镁、铁等过滤到下层。A 层和 E 层合称淋溶层。

B 层聚集了从上层过滤的黏土、氧化铁、硅土、碳酸盐或其他物质。该层被称为淀积层。

C 层由部分改变（风化）的物质组成，这种岩石也出现在自然界中的冲积层，如其他环境中的河砺石。该层可能由于含铁的氧化物而呈红褐色。

R 层为未被风化（无改变）的母岩。

土壤剖面示例

形成土壤的影响因素

十九世纪末，俄国土壤学家道库恰耶夫（B. B. Докуцаев）从土壤发生学的观点，指出土壤是气候、生物、地形、母质和时间等成土因素综合作用的结果。他的学说的基本观点可概括为两句话：土壤是一种独立的自然体，是在各种成土因素非常复杂的相互作用下形成的；在形成土壤的过程中，各种因素具同等的重要性和相互不可替代的作用，其中生物起着主导作用。换句话说，土壤是一定时期内，在一定的气候和地形条件下，活的有机体作用于成土母质而形成的。

下面来看一下各种因素的作用。

母质因素

风化作用使岩石破碎，理化性质改变，形成结构疏松的风化壳，其上部可称为土壤母质。如果风化壳保留在原地，形成残积物，便称为残积母

相关链接

地球上的岩石分三大类：沉积岩、岩浆岩和变质岩。沉积岩主要由石英、长石、云母、方解石、白云石和各种碎屑和黏土矿物组成，岩浆岩和变质岩主要由石英、长石、角闪石、辉石、橄榄石等组成。基性岩和酸性岩是岩浆岩中含二氧化硅特少（SiO_2 45% 以下）和特高（SiO_2 含量达 65%～75%）的两个类型。不论是哪一类岩石，都有可能成为土壤的母质，不过原岩所含元素（特别是微量元素）的不同，对母质的性质有一定影响。

质；如果风化物质是由重力、流水、风力、冰川等迁移形成的崩积物、冲积物、堆积物、风积物和冰碛物等，则称为运积母质。成土母质是土壤形成的物质基础和植物矿质养分元素（氮除外）的最初来源。母质代表土壤的初始状态，它在气候与生物的作用下，经历上千年时间的风化，才逐渐转变成可供养植物的土壤。母质对土壤的物理性状和化学组成均产生重要的作用，这种作用在土壤形成的初期阶段最为显著。随着成土时间的推移，母质与土壤间性质的差别也愈来愈大，尽管如此，土壤中总会保存有母质的某些特征。

首先，成土母质的类型与土壤质地关系密切。不同造岩矿物的抗风化能力差别显著，其由大到小的顺序大致为：石英（SiO_2）→白云母→钾长石→黑云母→钠长石→角闪石→辉石→钙长石→橄榄石。因此，发育在基性岩母质上的土壤质地一般较细，含粉砂和黏粒较多，含砂粒较少；发育在石英含量较高的酸性岩母质上的土壤质地一般较粗，含砂粒较多而粉砂和黏粒较少。此外，发育在残积物（指地表岩石风化后残留在原地的堆积物）和坡积物（堆积在山坡和坡麓的一种运积母质）上的土壤含石块较多，而发育在洪积物、堆积物和冲积物上的土壤具有明显的质地分层的特征。

其次，土壤的矿物组成和化学组成深受成土母质的影响。不同岩石的矿物组成有明显的差别，使发育的土壤的矿物组成不同。发育在基性岩母质上的土壤含角闪石、辉石、黑云母等深色矿物较多；发育在酸性岩母质上的土壤含石英、正长石和白云母等浅色矿物较多；其他如冰碛物和黄土母质上发育的土壤，含水云母和绿泥石等黏土矿物较多；河流冲积物上发育的土壤亦富含水云母；湖积物上发育的土壤中多含蒙脱石和水云母等黏土矿物。从化学组成方面看，基性岩母质上的土壤一般铁、锰、镁、钙等元素含量高于酸性岩母质上的土壤，而硅、钠、钾等元素含量则低于酸性岩母质上的土壤，石灰岩母质上的土壤，钙的含量最高。

气候因素

气候对土壤的影响，表现为直接影响和间接影响两个方面。直接影响指通过土壤与大气之间经常进行的水分和热量交换，对土壤水、热状况和土壤物理、化学过程的性质与强度的影响。通常温度每增加 10℃，化学反应速度平均增大 1~2 倍；温度从 0℃ 增加到 50℃，化合物的解离度增大 7 倍。在寒冷的气候条件下，一年中土壤冻结达几个月之久，微生物分解作用非常缓慢，使有机质积累起来；而在常年温暖湿润的气候条件下，微生物活动旺盛，全年都能分解有机质，使有机质含量趋于减少。

气候还可以通过影响岩石风化过程以及植被类型等间接地影响土壤的形成和发育。一个显著的例子是，从干燥的荒漠地带或低温的苔原地带到高温多雨的热带雨林地带，随着温度、降水、蒸发以及不同植被生产力的变化，有机残体归还的养分逐渐增多，化学与生物风化逐渐增强，风化壳逐渐加厚。这就是西北的黄土地常常是灰黄色的景观，而南方则是郁郁葱葱一片绿"海"的原因。如果坐飞机从西北的黄土地往南飞，降落在南方某城市，几个小时之中，就能体会到瞬息万变的景色。

生物因素

在很久以前，自然界并没有土壤，那时，到处都是光秃秃的岩石、山峰和浩瀚的海洋。白天，太阳把地球上的岩石晒得很热；晚上，凉风飕飕而过，大地毫无生机。直到第一个具有完备生命特征的化能自养细菌出现之后，大地才从沉睡中苏醒过来。这种细菌的本领很大，分泌的酸能使坚硬的岩石分解，并从岩石分解过程中得到能量和养分。虽然得到的能量和养分很少，但它们能生活得很好。化能自养细菌的寿命很短暂，由于它们的生生死死，在岩石的缝隙中或岩石的风化物（成土母质）中积累了有机质。天长日久，积累的有机质越来越多，这就为异养型细菌的出现创造了条件。这些异养型细菌能分解有机质，并能释放出很多二氧化碳和氮气。随着二氧化碳在自然界的增多，为绿色植物的出现创造了条件。植物出现后，地球披上了绿装，面貌焕然一新。地壳岩石圈的表面，一层富有生机的土壤诞生了。此后，一些高等植物在年幼的土壤上逐渐生长，使土体产生明显的分化。

生物是土壤有机物质的来源和土壤形成过程中最活跃的因素。土壤的本质特征——肥力的产生与生物的作用密切相关。在生物因素中，植物起着最为重要的作用。绿色植物有选择地吸收母质、水体和大气中的养分元素，并通过光合作用制造有机质，然后以枯枝落叶和残体的形式将有机养分归还给地表。不同植被类型的养分归还量与归还形式的差异是导致土壤有机质含量高低的根本原因。例如，森林土壤的有机质含量一般低于草地，这是因为草类根系茂密且集中在近地表的土壤中，向下则根系的集中程度递减，从而为土壤表层提供了大量的有机质；而树木的根系分布很深，直接提供给土壤表层的有机质不多，主要是以落叶的形式将有机质归还给土壤。动物除以排泄物、分泌物和残体的形式为土壤提供有机质，或通过啃食和搬运促进有机残体的转化外，有些动物如蚯蚓、白蚁还可通过对土体的搅动，改变土壤的结构、孔隙度和土层排列，改善土壤的肥力。微生物在成土过程中的主要功能是有机残体的分解、转化和腐殖质的合成。

地形因素

地形对土壤形成的影响主要是通过引起物质、能量的再分配而间接地作用于土壤。山区由于温度、降水和湿度随着地势升高的垂直变化，形成不同的气候和植被带，导致土壤的成分和理化性质发生显著的垂直地带分化。研究发现，土壤有机质含量、总孔隙度和持水量均随海拔高度的升高而增加，而 pH 值随海拔高度的升高而降低。此外，坡度和坡向也会改变水、热条件和植被的状况，从而影响土壤的发育。在陡峭的山坡上，重力作用和地表径流的侵蚀力往往加速疏松地表物质的迁移，所以很难发育成深厚的土壤；而在平坦的部位，地表疏松物质的侵蚀速率较慢，使成土母质得以在较稳定的气候、生物条件下逐渐发育成深厚的土壤。阳坡由于接受太阳辐射能多于阴坡，温度状况比阴坡好，但水分状况比阴坡差。植被的覆盖度一般是阳坡低于阴坡，从而导致土壤中物理、化学和生物过程的差异。

相关链接

pH 值是用来测定各种化学试剂和介质酸碱度的标准。pH 值小于 7 为酸性，等于 7 为中性，大于 7 为碱性。

植物群落泛指在环境相对均一的地段内、有规律地共同生活的各种植物种类的组合。例如一座森林、一片草原、一块麦田、一个生有水草或藻类的水塘等。植物群落和其他地理成分结合，构成自然地理环境最基本的结构单元。它的外貌特点常成为各种自然综合体的表征。植物群落能够起到固定能量、维持其内部生物的生命活动、推动自然综合体形成较复杂的结构的作用。

时间因素

在上述各种成土因素中，母质和地形都比较稳定，一般不会有大的变动；气候和生物则是十分活跃的影响因素，它们在成土过程中的作用随着时间的推移而不断变化。因此，土壤是一个不断变化的自然实体，它的形成过程相当缓慢。在酷热、严寒、干旱和洪涝等极端环境中以及坚硬岩石上形成的残积母质上，可能需要数千年的时间才能形成土壤发生层。例如在沙丘土上，特别是在林下，典型灰壤的发育需要 1000～1500 年。但在变化比较缓和的环境中，或者在有利于成土过程的疏松成土母质上，土壤剖面的发育要快得多。

人为因素

除以上自然成土因素之外，人类生产活动对土壤形成的影响不容忽视。人为因素通过改变成土因素而改变着土壤的形成与演化。其中以改变地表生物状况的影响最为突出，典型例子是农业生产活动。农事活动以稻、麦、玉米、大豆等一年生草本农作物代替天然植被。这种人工栽培的植物群落结构单一，必须在大量额外的物质、能量输入和人类精心的护理下才能获得高产；所谓"额外的物质、能量输入"就是农作过程中的耕地、施肥和浇水或加盖大棚等。因此，人类通过耕耘改变土壤的结构、保水性和通气性，通过灌溉改变土壤的水分和温度，通过农作物的收获剥夺本应归还土壤的部分有机质，改变土壤的养分循环状况，再通过施用化肥和有机肥补充养分的损失，从而改变土壤的营养元素组成、数量和微生物活动，最终将自然土壤改造成为各种耕作土壤。

形形色色的土壤

15

土壤形成的实质：在岩石变成土的过程中，生物起主要作用。在生物出现之前，地球上仅有物质的地质大循环：岩石风化—搬运—沉积—岩石—风化—搬运。生物的出现改变了物质的去向，形成了物质的生物小循环：营养元素—有机体—营养元素。成壤过程建立在地质大循环（营养元素的释放和淋溶过程）和生物小循环（营养元素被生物吸收累积和释放过程）的基础上；成壤的实质是物质的地质大循环和物质的生物小循环的矛盾统一。

长期以来，自然土壤不断被开垦利用。为了提高土壤生产力，人类努力调控自然因素，使之向着对生产力有利的方向发展，但不合理的利用则使土壤肥力退化。

人类活动对土壤的积极影响是培育出一些肥沃、高产的耕作土壤，如水稻土等；同时由于违反自然成土过程的规律，人类活动也造成了土壤退化，如肥力下降、水土流失、盐渍化、沼泽化、荒漠化和土壤污染。全球土壤退化评价研究结果显示，土壤侵蚀是最重要的土壤退化形式。全球退化土壤中水蚀影响占56%，风蚀占28%。至于水蚀的动因，43%是由于森林的破坏，29%是由于过度放牧，24%是由于不合理的农业管理；而风蚀

在自然界中碳有两种稳定同位素 ^{13}C 和放射性同位素 ^{14}C。^{14}C 是由宇宙射线和大气上层中的气体原子发生核反应而生成的，这些生成的 ^{14}C 不断地扩散到整个大气层、生物圈、沉积物和海洋等交换贮存库中。由于 ^{14}C 也在不断衰变，其半衰期达5730年，因此在各交换贮存库中的 ^{14}C 含量将会达到平衡。处于这种交换状态的含碳物质一旦脱离交换且一直处于封闭状态，则其中的 ^{14}C 不再得到补充，只会按衰变规律逐渐减少。假定长期以来宇宙射线的强度没有改变，即 ^{14}C 的产生率不变，则只要测出该含碳物质中 ^{14}C 减少的程度，就可以按照基本的衰变公式推算出考古事件或地质事件的年代。

的动因，60% 是由于过度放牧，16% 是由于不合理的农业管理，16% 是由于自然植被的过度开发，8% 是由于森林破坏。全球土壤受化学退化（包括土壤养分衰减、盐碱化、酸化、污染等）影响的总面积达 24000 万公顷，其主要原因是农业的不合理利用和森林的破坏，它们的破坏作用分别占 56% 和 28%；全球物理退化的土壤总面积约 8300 万公顷，主要集中于温带地区，绝大部分可能与农业机械的压实有关。

土壤有多大年纪

从上面的分析中，我们已经有了关于"土"和"土壤"的概念，至少不会随便抓来一把土就说是"土壤"了。因为我们已经知道土壤是在长期历史条件下，由多种自然和人为成土因素作用形成的自然综合体，肥力是土壤的本质。因此，土壤也有形成和发展过程；换句话说，它也有着过去、现在和未来。土壤的年龄（时间），是多种自然成土因素之一。那么，土壤的年龄究竟有多大呢？

我国的农业已有几千年乃至上万年的历史，浙江余姚河姆渡和陕西西安半坡原始社会遗址的发掘证明，六七千年前，我们的祖先已经在长江流域的土地上开田种植水稻，在黄河流域种植粟类等作物。1988 年秋，考古工作者在湖南省澧县彭头山遗址发掘出土大量新石器时代早期的陶片等器物，在器物中还残留有稻谷。经 ^{14}C 测定它们的年龄分别为 9100±120 年和 8200±120 年，比浙江河姆渡遗址发现的水稻还要早 2000 多年。说明

相关链接

古近纪是新生代的第一个纪，开始于距今 65.5±0.3 百万年（Ma）前，结束于距今 23.03±0.05Ma 前。古近纪包括古新世、始新世和渐新世。

经历了古近纪和新近纪，地球进入了它的历史发展最新阶段——第四纪。这是人类出现的时代。第四纪的下限尚有争议，国际地层委员会推荐其下限年龄为 1.80Ma；由于 2.6Ma 是黄土开始沉积的年龄，因而我国部分地质学家认为以此为下限年龄较合适。

形形色色的土壤

在长江中下游地区尤其在洞庭湖一带，稻作农业的历史可以上溯到新石器时代早期。

3000多年前的殷代甲骨文中的文字是当时利用土壤的一个旁证。甲骨文中已有稻、禾、稷、麦、来（大麦）等农作物的名称，还有土、田、畴、疆、甽、井、圃等有关土壤和土地整治的文字。在周代，有了专门管理水稻土的官员，《周礼》中就记载有"稻人掌稼下之地"。所谓稻人，就是专门管理水稻土、种植水稻的官员。又说"泽草所生，种之芒种"，"芒种"乃稻种名，说明3000多年前的周朝已重视水稻土的研究了。水稻是可以连年栽培的农作物，这样算起来，我国最古老的水稻土，至少已有五六千年的历史。

黄土－古土壤系列，记录了240万年以来黄土沉积和土壤发育的地质演变历史。在新石器时代，灿烂的仰韶文化基本上发育于我国的黄土区。六七千年前，人类利用黄土高原独特的自然环境，使之成为全世界早期的农业发祥地之一；如今，西安半坡仰韶文化遗址，仍保留着6000年前从事农业生产、耕垦土地的土壤剖面。"黄土"一词，在2000多年前已见于文献。例如"元凤三年（公元前78年），天雨黄土，昼夜昏霾"（见《伏侯今古注》）。陕西洛川的黄土，用 ^{14}C 方法测定土壤有机质的放射性年龄，表层 30～50 厘米的土壤为 2760±180 年，60～80 厘米的土壤为 2760±275 年。运用古地磁热释光等方法，获得黄土－古土壤沉积的时间系列，如马兰黄土为 10 万年，古土壤的年龄为 11 万~15 万年。古地磁方法测定的结果表明北京西山、永定河支流清水河南岸二级阶地上西湖林黄土剖面第一层古土壤形成于 3.2 万~3.5 万年前，第二层古土壤形成于 83 万年前。由此可以看出，我国西北黄土高原上的黄土确实是有几万年至几十万年了。

我国南方的红壤和红色风化壳的形成过程，即脱硅富铝化作用的过程，其年代更为久远。一般认为，它是古气候条件下形成的土壤，为古近纪末至第四纪初新构造运动前开始形成的，如此算来，它已有 200 多万年的历史。至于近代这种红壤化的过程是否仍在继续进行，目前尚无定论。

此外，在我国辽东半岛用 ^{14}C 方法测定沿海埋藏泥炭的放射性年龄，其下限距今约 2500 年，最远距今约 10300 年；用同样的方法测定的黑龙江省三江平原潜育土（沼泽土）的放射性年龄为万年左右，它上面的泥炭始于冰后期的早全新世，中全新世有了进一步发展，至晚全新世为积累盛期。泥炭累积的速度，每年约 0.16～0.4 毫米，这个速度是相当缓慢的。因此，应该很好地保护"湿地"。吉林长白山的天池，是火山喷发后留下的火山口，周围有一片面积约 5350 平方米的熔岩台地，据 ^{14}C 测定熔岩中炭化木的放射性年龄约为 1760 年，可见生长着茂密森林的棕色森林土有 1700 多年了。

在国外，土壤产出状况亦皆类似。俄罗斯的黑钙土主要是冰后期形成的，斯特尔次克草原的黑钙土的腐殖质年龄不低于 7000 年，生草灰化土的年龄亦在 7000 年以上。美国未曾受冰川作用的荒漠土壤和干旱地区土壤的年龄为 9550±300 年，密西西比州的灰土成土年龄为 3000~8000 年。

这样看来，地球上大部分土壤的年龄都在 2000 年到 1 万年，甚至个别地区的红壤可达 200 万年。2000 年到 1 万年，对于地球的历史来讲，只不过是短暂的"一刹那"。然而，对于人类的历史来讲，则是十分漫长的。何况，我们所计算的土壤年龄，大多是从土壤中有了有机物质（碳）算起，岩石上是不能生长植物的。如果上溯至自岩石风化为大石块，由大石块风化为小石块，再由小石块风化为细小的土粒算起，则不知要有多少蹉跎岁月了。这就是我们从土壤的年龄这一角度出发，提倡人类应该珍惜土壤资源的一个重要原因。

土壤的"骨架"和"肌肉"

看看自己的脚下，土壤是多么的平凡，似乎在任何地方都可以看到。可土壤到底是由什么组成，怎么组成的呢？将这些不起眼的东西放大数十上百倍，你就会发现，它们的主要部分是细小的碎石块（矿物质）。此外，空气、水、微小生物也是土壤的重要组成部分，当然，别忘了最重要的部分——腐殖质。

土壤也有"骨架"和"肌肉"

地球上的土壤并不是铁板一块，而是一个疏松多孔的体系，由固体、液体和气体三相物质构成。固体物质包括矿物质和有机质两部分，如果说矿物质是土壤的"骨架"的话，有机质就是它的"肌肉"，包覆于矿物质的表面。不要小看这层物质，它可是植物吸收水分和养料的宝库。液体部分是指土壤的水分，它保存和运动于土壤的孔隙之间，是土壤中最活跃的部分。特别有意思的是，与土壤结合在一起以后，水的密度能达到 1.2 ~ 2.4 克／立方厘米，在 105 ~ 200℃的高温下才会蒸发掉。土壤的气体部分是指进入土壤空隙的空气，它填充于那些没有被水分占据的孔隙中。土壤孔隙分大、中、小三种，其中，大孔隙叫充气孔隙，但它不宜太多，太多了跑墒严重；小孔隙的孔径太小，不利于植物的透气和扎根；中孔隙也叫持水孔隙，这种孔隙愈多愈适宜作物的生长，就像人体的皮肤一样，保水性、透气性愈好就愈显得水灵。

作为土壤"骨架"的矿质土粒，因大小不同，所含养分不同，保肥性也不同。将一种土壤松散开来后，会发现土壤有众多大小不等的颗粒。根据颗粒大小不同以及各种粒级在土壤中所占的比例，划分出不同的土壤种类，称之为"土壤质地"，如砂土、黏土和壤土。不同质地的土壤具有不同的肥力性状，对植物生长也有不同的影响。

土壤不是矿物颗粒、空气和水混合在一起的"乌合之众"，而是一个复杂的生态系统，有机物在其中扮演着重要的角色。"土"经常被认为是简单、乏味的代名词，实际上它很不简单。用肉眼就可以看到，"土壤界的野兔"——弹尾跳虫就像会瞬间移动的小米粒一样跳来跳去；微小的蜈蚣在到处追杀它们；相比之下偶尔露出头来的蚯蚓显得无比巨大。在显微镜下，你可以看到长得像小甲虫那样的微小螨虫迈着八条细腿踱来踱去；长着地球上最奇特的嘴的线虫看上去就像缩小的蚯蚓；阿米巴变形虫不紧不慢地用拥抱和消化液招待着周围一切小于它的生物；根瘤就像气球一样附着在植物的根系周围。还有各种细菌和真菌，在一小勺土壤里就含有亿万个细菌，25 克森林腐殖土中所包含的霉菌如果一个一个排列起来，可长达 11 千米。它们在保持土壤肥力、维持地球温室气体循环方面均发挥着不可替代的作用。

1 立方英尺（约 0.028 立方米）中能容纳多少生物？英国摄影师为我们揭开了这个答案，他耗时三周拍到了这个小世界里的多种生物。

拍摄于纽约中央公园哈里特自然保护区（Hallett Nature Sanctuary）。这是一片 3.5 英亩（1 英亩 ≈ 4046.86 平方米）的落叶林，与中央公园只一条人行道之隔

揭开土壤里的微生物世界，成千上万生物涌动

与月球和火星的"土壤"比"筋骨"

如果抓起一把月球或者火星上的"土壤"来看，会发现它们与地球的土壤根本不是一种东西。那种土壤特有的褐色在哪里？土壤特有的腥气在哪里？土壤黏黏的质感在哪里？比较月球和火星的"土壤"，才会真正注意到地球土壤的精华——腐殖质。腐殖质是生物改造地球环境又受益于这种被改造的环境的一个典型例子。土壤中的有机质，包括落叶、动物尸体之类的东西，在微生物作用下形成了复杂而较稳定的大分子有机化合物。腐殖质的主要组成元素有碳、氢、氧、氮、硫、磷等。生长于土壤中的植物，非常喜欢这些元素。腐殖质正是植物能"吃进口"的可口"菜"，腐殖质里包含两种能溶于水的大分子酸性物质——胡敏酸和富里酸。植物可以通过吸水把它们吸进去，就像我们喝粥一样。腐殖质又是一种胶体状，它能让土壤更有黏性，从而增强土壤的吸水、保肥能力；腐殖质是形成团粒结构的良好胶结剂，可以提高黏重土壤的疏松度和通气性，改变砂土的松散状态。同时，由于它的颜色较深，有利于吸收阳光，提高了土壤温度。腐殖质需要很多条件才能形成，好的土地真是"可遇不可求"。

为什么月壤会是橘红色的呢？这个悬案是"阿波罗 17 号"探月任务发现的，当时航天员注意到登月舱的降落地点附近，有一片颜色很奇特的月壤。于是他们铲起了一些这种不寻常的橘色月壤，带回地球进行检验。下页左上图就是带回来的样品放大后的图像，这些橘色的颗粒小于 0.1 毫米，是月球表面发现最小的颗粒。月质学家认为，这种橘色月壤可能是古老的火山物质。进一步的化学和定年研究显示，在 36.4 亿年前的一次火山爆发

月球土壤颗粒

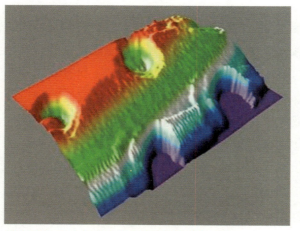

"凤凰号"首次拍到火星土壤颗粒的精细照片

中，细小的岩浆液滴可能发生急速冷却，才形成这些接近球状的颗粒。这些月壤还含有一些不寻常的化学元素，它们的来源仍然是一个谜。

火星表面遍布红色的"土壤"，是火星上尘暴的主要成分，正是这些颗粒使火星的天空看上去呈淡红色。这些微小的"土壤"颗粒实际上是火星大气与土壤相互作用的"媒介"，对于了解火星环境十分关键。美国火星探测器项目小组报告说，"凤凰号"借助原子力显微镜首次拍摄到了火星"土壤"颗粒的精细照片，在美国宇航局网站公布的一幅照片上，位于显

相关链接

原子力显微镜是一种利用原子、分子间的相互作用力来观察物体表面微观形貌的新型设备。它的纳米级探针被固定在可灵敏操控的微米级弹性悬臂上。当探针靠近样品时，其顶端的原子与样品表面原子间的作用力使悬臂弯曲，偏离原来的位置。根据扫描样品时探针的偏离量或振动频率重建三维图像，就能间接获得样品表面的形貌或原子成分。

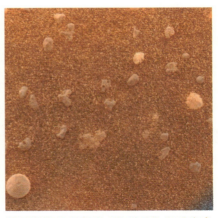

"凤凰号"火星着陆探测器拍摄的第一批火　　美国宇航局发布的"机遇号"火星车在
星北极附近的图片　　　　　　　　　　其着陆区域——"梅里迪亚尼平面"拍
　　　　　　　　　　　　　　　　　　　摄的火星土壤照片

微镜硅衬底上的 4 个"土壤"颗粒看上去像 4 个小球，每个颗粒的直径仅
1 微米（相当于 1 米的 1/100 万），是罩在火星表面尘埃物质的代表，生成
了这颗红色星球独特的红色土壤，给火星灰蒙蒙的表面涂上了一层粉红色。
借助原子力显微镜拍摄的首批照片是迄今对地外星球物体拍摄的最大倍数
的照片，可让火星"土壤"纤毫毕现。从照片可以看到，火星土壤颗粒的
实际大小与科学家们预测的差不多。

对土壤认识的演变

　　土壤学的兴起和发展与近代自然科学，尤其是化学和生物学的发展息
息相关。十六世纪以前，对土壤的认识仅是以某些直观性质和农业生产经
验为依据。如中国战国时期《尚书·禹贡》中根据土壤颜色、土粒粗细和
水文状况进行的土壤分类。后来，农学家有关多粪肥田和深耕细锄可以提
高土壤肥力的论述，以及古罗马的加图所描述罗马境内的土壤类型，都反
映了当时人们对土壤的认识水平。然而，土壤学作为一门独立学科的形成
和发展，是最近 150 多年的事情。十九世纪以来，逐步形成几个比较有影

响的代表性学派或观点，对土壤学科的发展有重要的影响。

矿质营养学说

　　植物究竟需要什么作为营养，这个问题长期使人困惑不解。十七世纪以来，随着西方工业化和科学技术的发展，物理、化学等基础学科的发展对土壤学发展产生了巨大的影响。现代土壤学随着自然科学的蓬勃发展而开始孕育和萌芽。西欧许多学者为论证土壤与植物的关系，提出了各种假说。1563年，帕利西（Palissy）认为植物灰分是植物的营养；十七世纪中叶，海耳蒙特根据他长达4年的柳枝土培试验结果，指出土壤除供给植物水分以外，仅仅起着支撑物的作用；十七世纪末，伍德沃德将植物分别置于雨水、河水、污水及污水加腐殖土四种介质中，发现后两种介质中的植物生长较好，因而他认为细土是植物生长的"要素"，从而否定了海耳蒙特的观点。

　　十八世纪末至十九世纪初，欧洲最流行的植物营养学说是腐殖质营养学说。代表人物德国学者泰伊尔（A. von Thaer）认为，腐殖质是决定土壤肥力的主要因素，是植物唯一的营养物质；矿物质只能间接地加快腐殖质的吸收。虽然以泰伊尔为代表的见解在欧洲风靡一时，但许多研究者试图从其他方面进一步研究植物的营养问题。

　　1804年，法国学者索秀尔证实植物的光合作用和呼吸作用与二氧化碳、氧气有关，明确了空气中的氮素不能直接被植物吸收；通过观察$CaCl_2$、$NaCl$、$Ca(NO_3)_2$等无机盐溶液的吸收率，证明植物根系具有选择吸收功能。

　　1828年，德国化学家维勒从无机物中合成了世界第一种有机化合物——尿素。这种尿素虽然在当时可以从人类和某些动物的尿液中分离出来，但这是首次从无机物中合成的有机物，成为唯物主义自然观向腐殖质学说的致命一击。

　　法国化学家布森高采用索秀尔的试验方法，完成了许多关于植物营养的研究工作。他认为植物中碳素源自空气中的二氧化碳，并发现豆科作物有利用空气中氮素的能力，而谷类作物只能吸取土壤中的化合态氮素。

　　直至1840年，德国的李比希（Liebig）创立了植物的矿质营养学说以后，关于植物是以什么作为其营养的问题才得以根本的解决。他否定了泰伊尔提出的"腐殖质营养学说"中的"腐殖质是土壤肥力的主要因素，是土壤中唯一可作为植物营养物质"的论点。他指出腐殖质出现于地球上有了植物以后，而不是在此之前，因而植物的原始养分只能是矿物质。化肥工业因之兴起。他说土壤中矿质养分的含量是有限的，必将随着耕种时间的推移而日益减少，因此必须增施矿质肥料予以补充，否则土壤肥力水平将日趋衰竭，作物产量将逐渐下降。这个主张即著名的"归还学说"。它正确地指出了土壤对植物营养的重要作用，从而促进了田间试验、温室试验和实验室化学分析的兴起以及化肥工业的发展，为土壤学的发展作出了划时代的贡献。1858 年，诺普（Knop）和萨克斯（Sachs）用盐类制成的人工营养介质栽培植物成功，有力地证明了矿质营养学说的正确性。人们对植物营养要求才有了较为清晰的认识，这一思想也是对土壤本质即土壤肥力这一核心思想的贡献。

植物矿质营养学说的创立不仅是学术上一个划时代的创举，也对以后的化肥工业的发展及由此带来的农作物单位面积产量的大幅度提高起了极大的促进作用。无土栽培技术在 100 多年前是作为验证植物营养学说而被使用，它充分证明了李比希矿质营养学说的正确性，充实和丰富了矿质营养学说的内容。可以说，没有无土栽培技术的应用，就难以证明矿质营养学说的正确性，其内涵也不可能得以充实和完善。反过来，日趋完善的植物营养学说又进一步推动了无土栽培技术的发展，使最初用于验证矿质营养学说正确性的无土栽培技术从实验室走向大规模商业化应用，使之发展成为一种高产优质高效作物生产的先进农业生产技术。可以说植物的矿质营养学说是无土栽培的理论基础。

农业地质学派

十九世纪后期，以德国的法鲁（Fellou）为代表的地质学家用地质学的观点和方法研究土壤。他们认为土壤是陆地的一个淋溶层；甚至认为土壤过去是岩石，而今正在重新形成岩石。尽管这个学派未能阐明土壤形成的实质，但是他们提出的土壤改良、耕作和施肥等主张，对土壤学的发展也有一定的意义。

土壤发生学派

俄国著名土壤学家道库恰耶夫对俄罗斯平原土壤调查后，提出了土壤形成因素学说，认为土壤是母岩、生物、气候、地形和陆地年龄（时间）等五种自然因素综合作用下形成的独立的历史自然体；指出土壤形成过程是岩石风化过程和成土过程推动的。

他的这一理论从俄罗斯传到西欧，再由西欧传到美国，对国际土壤学的发展产生了深刻的影响。他的继承者威廉斯在他的理论基础上，创立了土壤的统一形成学说，指出土壤是以生物为主导的各种成土因子长期、综合作用的产物。物质的地质大循环和生物小循环矛盾的统一是土壤形成的实质。土壤本质特点是具有肥力，并提出团粒结构是土壤肥力的基础，制定了草田轮作制。这种观点被称为土壤生物发生学派。

土壤学发展的新观点

土壤学的发展是有思想的、兼容并蓄的、向外看的观点。借用一句话：尽管我看不见，但是我会猜想，我有希望！随着化学、地学、生物学、物理学、数学、生态学、系统科学等学科的发展，土壤学科的基础学科研究水平将得以全面、迅速地提高。

土壤圈

土壤圈概念由瑞典学者马特松（S. Matson）首先提出。土壤圈是覆盖于地球陆地表面和浅水域底部的岩石圈最外面一层疏松的土壤所构成的一种连续体或覆盖层，这层地球的"地膜"与不同圈层进行着物质和能量交换。土壤圈的平均厚度为5米，面积约1.3亿平方千米，相当于陆地总面积减去高山、冰川和地表水体所占有的面积。土壤圈概念将系统理论引入了土壤科学的研究，旨在从地球表层系统的角度，研究土壤圈的结构、成因和演化规律，以达到了解土壤圈的内在功能、在地球表层系统中的地位和作用及其对人类与环境的影响的目的。

土壤系统

二十世纪六十年代后期出现了土壤生态系统的观点。它是以土壤为研究核心的生态系统，重点研究土壤中的生物组成、系统的结构和功能。土壤生态系统是陆地生态系统的基础，对整个地区生态系统有重要影响。只有全面认识土壤生态系统的重要性，才能全面认识土壤各因素之间的关系。只有把土壤作为一个独立的生态系统来研究，才能弄清其结构与功能的内在联系及发生发育演变的趋势，为土壤的合理利用和土壤资源质量再生提供依据。

土壤肥力生物热力学

1974 年 12 月，侯光炯教授与他的学生完成了《农民群众的生产斗争经验开辟了发展土壤科学的广阔道路》一文，明确提出了"土壤肥力生物热力学"新理论，指出"土壤是肥是瘦，主要决定于象征土壤代谢性和可塑性的'体质'，而不取决于氮、磷、钾的含量。农作物细胞原生质是一种胶体，土壤中无机－有机－微生物复合体也是一种胶体，这两种胶体都随太阳辐射热的时变化而起着相应的日周期和年周期变化。因此，与两种胶体密切相关的一切性质，包括土性在内都呈现着日周期和年周期的变化。这就是气候、土壤、植物互相联系、互相制约的根源，也是看天、看地、看庄稼经验的基础"。

土壤质量综合调控理论

二十世纪九十年代，美国土壤学会明确提出了土壤质量的概念，认为土壤质量是土壤对自然和人工生态系统功能所具有的一种特定的能力，即维持植物和动物的生产力、保持和改善水质、支持人类健康和居住环境的能力。土壤质量概念的提出使人们对土壤的认识由传统的只强调土壤肥力逐步发展到对土壤功能的全面认识，使得表征土壤生物生产能力的土壤肥力不再是评价土壤的唯一指标，而土壤容纳、吸收和降解各种环境污染物的功能与生产能促进人畜健康产品的功能已成为评价土壤的另外两个基本指标。因此，综合表征土壤维持生产力、环境净化能力以及保障动植物健康能力的土壤质量概念的引入就成为现代土壤学的发展标志。它不仅表现为研究内容的拓展，更是体现了土壤科学研究重心的转移。土壤科学的发展由原来一轮驱动（作物生产）变成了两轮驱动（作物生产和环境质量保护），使土壤科学沿着为农业和环境服务的两条轨道迅速推进。

综上所述，人类土壤知识的增长，人们对土壤的认识随科学的发展不断深化，是一个"由现象到本质"的过程。随着现代农业技术的发展，信息科学等新技术、新方法正向土壤科学渗入，土壤科学正面临着第三次大的发展机遇。

中国土壤家族

土壤的形成受自然因素（母质、气候、地形、生物、时间）和人为耕种的影响，经过不同的成土过程（如原始成土过程、有机质聚积过程、黏化过程、脱钙和积钙过程、盐化和脱盐过程、碱化和脱碱过程、灰化过程、富铝化过程、潜育化和潴育化过程、白浆化过程和熟化过程）形成了不同的土壤发育层次（如覆盖层、淋溶层、淀积层、母质层和母岩层）和剖面形态特征（如土壤颜色、土壤结构、土壤质地、土壤松紧度和孔隙状况、土壤湿度、新生体和侵入体），从而形成各种各样的土壤（如黑土、白土、黄土、红壤、绵土、塿土、黏土、砂土等）。

为了对自然界形形色色的土壤分门别类，需要选取一系列分类标准，通过构建分类单元与分类等级的逻辑关系，形成树枝状的分类系统，以便在不同的概括水平上认识土壤，区分各种土壤以及它们之间的关系。道库恰耶夫 1886 年提出土壤发生学分类。

中国土壤系统分类为多级系统分类，共分 7 级，即土纲、亚纲、土类、亚类、土属、土种和变种。本系统目前仅涉及亚类以上的高级单元。现就高级别的划分原则阐述如下。

土纲：最高级土壤分类级别。根据反映主要成土过程的诊断层或诊断特征划分，全国共分出 13 个土纲，即初育土纲、干旱土纲、均腐殖土纲、灰土纲、硅铝土纲、铁硅铝土纲、铁铝土纲、盐成土纲、潮湿土纲、有机土纲、变性土纲、火山灰土纲和人为土纲。

亚纲：土纲的辅助级别。根据土壤形成过程中的主要控制因素划分诊断层或诊断特性所形成的差异。如硅铝土纲中硅铝化过程的主要控制因素是季风气候或地形，或黏质母质控制的土壤水分状况的变异，所以把硅铝土分为常湿润硅铝土、湿润硅铝土、半干润硅铝土和滞水硅铝土四亚纲。1991 年，我国有关部门将中国的土壤分为 33 个亚纲。

土类：亚纲的续分级别。根据反映主要成土过程强度或次要成土控制因素的土壤性质的差异划分。

亚类：土类的辅助级别。主要根据是否偏离土类中心的概念，或是否具有附加过程的特性和是否具有母质残留特性划分。

中国由南向北历经热带、亚热带和温带3个气候带和9个气候亚带，其热量是相应递减的；湿度由东向西递减，依次由湿润、半湿润过渡到半干旱和干旱4个地区。成土条件复杂，生态环境差异悬殊。在上述复杂的自然条件和悠久的耕种历史影响下，几乎拥有地球表面所有主要地带的土壤类型。中国约分布有61个土类，231个亚类，2473个土种。

五色土系列

中国土壤分布概况大致是东方多水稻土呈青色，南方多红壤、紫色土呈红色，西北干旱土、盐碱土呈白色，中原腹地为黄土高原雏形土呈黄色。

黑土：我国东北平原湿润寒冷，微生物活动较弱，土壤中有机物分解慢，积累较多，所以土色较黑。

黄土：黄土高原的土壤呈黄色，这是由于土壤中有机物含量较少。

红土：高温多雨的南方土壤中矿物质的风化作用强烈，分解彻底。易溶于水的矿物质几乎全部流失，只剩氧化铁、氧化铝等矿物质残留土壤上层，形成了红色土壤。

青土：在排水不良或长期被淹的情况下，红土壤中的氧化铁被还原成浅蓝色的氧化亚铁，土壤便成了灰蓝色的，如南方某些水稻田多属青土。

白土：含有较高的镁、钠等盐类的盐土和碱土常为白色。

其实上面所说的五色土方位只是个大致情况，并不一一对应，并且常常是"你中有我，我中有你"。其实土壤的颜色主要取决于土壤的物质组成，有机质含量高的土壤就发黑，如黑龙江、吉林两省中部的黑土；氧化铁含量高的土壤多数呈红色，如分布在江西、福建、湖南等地低山丘陵区的红壤，海南、广西、云南等地的砖红壤；一些无机盐或氧化硅多显白色，大量富集后可使土壤呈白色，如西北的盐碱土等，碳酸钙和氧化硅富集的层次也往往显白色；以紫色为主色调的紫色土集中分布在四川盆地；以棕色为主色调的土壤，如燕山、太行山山前低丘的褐土，辽东半岛和山东半岛的棕壤；水稻土剖面由于还原作用，往往呈现出青色、青灰色；其他颜色较淡的土壤，如内蒙古高原的栗钙土、棕钙土，黄淮海平原的潮土等。看土壤的颜色对识别土壤、判断土壤肥力都有很大的帮助。

漠土系列

中国西北荒漠地区的重要土壤资源，包括灰漠土、灰棕漠土、棕漠土和龟裂土等。

潮土、灌淤土系列

中国重要的农耕土壤资源，包括潮土、灌淤土、绿洲土。

棕壤系列

为中国东部湿润地区发育在森林下的土壤，由南至北包括黄棕壤、棕壤、暗棕壤和漂灰土等土类。

岩性土系列

包括紫色土、石灰土、磷质石灰土、黄绵土（黄土性土）和风沙土。这类土壤性状仍保持母岩或成土母质特征。

特殊系列

随着人类对土壤利用方式的改变和科学技术的发展，逐渐形成了一些特殊的土壤类型。

城市绿地土壤：生长园林植物绿化地块的土壤，如公园、苗圃、街道绿地、行道树及一些专业绿地（居民小区等）。城市绿地土壤的特点是自然土壤层次紊乱，外来侵入体多，物理性状差，人为践踏，有机质缺乏，土中市政管道设施多。

温室土壤：玻璃和塑料大棚土壤。由于温度高，蒸发量大，容易造成表层土壤盐分聚集，常采取除去表层土壤的办法，或进行洗盐、深耕、调整施肥等。

盆栽土壤：花卉盆栽或盆景栽培时用土壤，由于根系生长受到限制，要求水肥气热。

人造土壤：人造土壤即为以新材料"制造"的土壤。苏联的科学家创造出一种人工土壤，称之为宇宙土壤，并在"礼炮1号"轨道科学考察站实施种植蔬菜的试验。宇宙土壤实际上是一种塑料沙，沙中添加植物生长所需的矿肥。只要不断地对其补充肥料，就能保证连续不断地获得丰收，而不会出现地力衰竭。

还有一种米粒状的聚合物充当土壤。这种聚合物能吸收相当于自身重量700倍的水分。每平方米"土壤"添加100克这种聚合物即可起到三种作用：一是吸收过多的雨水；二是在干旱季节通过渗透向植物提供水分；三是提高土壤的透气性。这种合成土壤在一些土地贫瘠地区运用尤其具有美好前景。以色列研究人员发明了一种改良土壤的新型材料，这种材料由40％的废纸屑组成，不仅能废物利用，还能刺激某些蔬菜的生长。

污泥是农业生产的天然土壤。日本在处理城市废弃物、污水、工业废弃物过程中制成了一种与污泥成分相同、含有丰富微生物而无臭味的人造土壤。美国的科技人员研制一种人造土和沙子、砾石混合用于新完工的建筑工地的美化，这种土比真正的土壤便宜得多。这种人造土是将发电厂的煤灰、公园中的各种有机废料和木屑与食品厂的废料一起混合、堆积，发酵6个月以后制成的。经试验，人造土壤可以生长出茁壮的庄稼，如小麦和苜蓿等。科学家们将这种土壤撒到被酸污水破坏的土地上，形成约4厘米的土层，也可以长出各类植被。

哪里能找到"五色土"

土壤类型的分布，既与生物气候地带性条件相吻合，表现为广域的水平分布和垂直分布规律；又受地域性、局部性的地形、母质、水文地质等因素的影响，表现为地域分布和微域分布，分别称为地带性土壤和非地带性土壤。

全球的土壤分布

亚欧大陆是最大的大陆。山地土壤占1/3，灰化土和荒漠土分别占16%和15%，黑钙土和栗钙土占13%。地带性土壤沿纬度水平分布由北至南依次为：冰沼土—灰化土—灰色森林土—黑钙土—栗钙土—棕钙土—荒漠土—高寒土—红壤—砖红壤。但在亚欧大陆东西两岸略有差异。大陆西岸从北而南依次为：冰沼土—灰化土—棕壤—褐土—荒漠土；大陆东岸自北而南依次为：冰沼土—灰化土—棕壤—红、黄壤—砖红壤。在灰化土和棕壤带中分布有沼泽土。半荒漠和荒漠土壤中分布着盐渍土。在印度德干高原上分布着变性土。

北美洲灰化土较多，约占23%。由于西部科迪勒拉山系呈南北走向延伸，从而加深了水热条件的东西差异，因此，北美洲西半部土壤表现明显的经度地带性分布。北美大陆西半部（灰化土带以南，西经95°以西，不包括太平洋沿岸地带）由东而西的土壤类型依次为：湿草原土—黑钙土—栗钙土—荒漠土；而在东部因南北走向的山体不高，土壤又表现出纬度地带性分布，由北至南依次为：冰沼土—灰化土—棕壤—红、黄壤。北美灰化土带中有沼泽土，栗钙土带中有碱土，荒漠土带中有盐土。南美洲砖红壤、砖红壤性土的分布面积最大，几乎占全洲面积的一半，主要分布于南回归线以北地区，呈东西延伸。在南回归线以南地区，土壤类型逐渐转为南北延伸，自北而南依次大致为：红壤、黄壤—变性土—灰褐土、灰钙土，再往南则为棕色荒漠土。安第斯山以西地区土壤类型是南北向排列和延伸的，自北向南依次为：砖红壤—红褐土—荒漠土—褐土—棕壤。

非洲土壤以荒漠土和砖红壤、红壤为最多，前者占37%，后两者占29%。由于赤道横贯中部，土壤由中部低纬度地区向南北两侧呈对称纬度地带性分布，其顺序为：砖红壤—红壤—红棕壤和红褐土—荒漠土，至大陆南北两端为褐土和棕壤。但东非高原因受地形的影响而稍有改变，在砖红壤带中分布有沼泽土，在沙漠化的热带草原、半荒漠和荒漠带中分布有盐渍土。

以澳大利亚为代表的澳洲土壤以荒漠土面积最大（占44%），次为砖红壤和红壤（25%）。土壤分布呈半环形，自北、东、南三方面向内陆和西部依次分布有热带灰化土—红壤和砖红壤—变性土和红棕壤—红褐土和灰钙土—荒漠土。

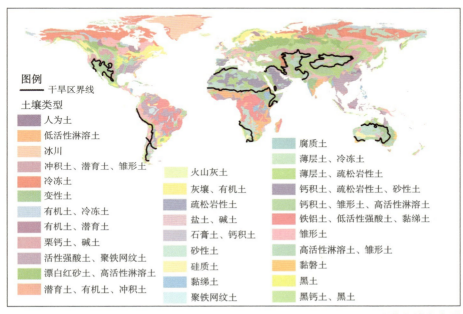

图例
—— 干旱区界线
土壤类型

- 人为土
- 低活性淋溶土
- 冰川
- 冲积土、潜育土、雏形土
- 冷冻土
- 变性土
- 有机土、冷冻土
- 有机土、潜育土
- 栗钙土、碱土
- 活性强酸土、聚铁网纹土
- 漂白红砂土、高活性淋溶土
- 潜育土、有机土、冲积土
- 火山灰土
- 灰壤、有机土
- 疏松岩性土
- 盐土、碱土
- 石膏土、钙积土
- 砂性土
- 硅质土
- 黏绨土
- 聚铁网纹土
- 腐质土
- 薄层土、冷冻土
- 薄层土、疏松岩性土
- 钙积土、疏松岩性土、砂性土
- 钙积土、雏形土、高活性淋溶土
- 铁铝土、低活性强酸土、黏绨土
- 雏形土
- 高活性淋溶土、雏形土
- 黏磐土
- 黑土
- 黑钙土、黑土

世界土壤分布图

中国的"五色土"

北京中山公园内有个社稷坛，曾是明、清两代帝王祭祀土地之神和农业之神、祈祷丰年的场所。坛上覆以五种颜色的土，因此又称"五色土"，其分布为：东方——青土、南方——红土、西方——白土、北方——黑土和中央——黄土。这与中国土壤分布的实际情况相似：南方的土壤因含铁元素较多而偏红，西北则因钙质较多而呈白色，东北的土壤因腐殖质较多而发黑。而黄土位于中央，也正好体现了黄土与中国古代农业文明发展的密切关系。

我国东部形成湿润海洋土壤地带谱，由北而南依次分布着暗棕壤—棕壤—黄棕壤—红壤与黄壤—赤红壤与砖红壤；它们所显示的颜色逐渐变得鲜艳。

我国西部则形成干旱内陆性土壤地带谱，由东向西分布着黑土—灰褐土—栗钙土—棕钙土—灰钙土—灰漠土；它们所显示的颜色逐渐由深变浅。

几个典型的土壤剖面

土壤剖面是指从地面向下挖掘所裸露的一段垂直切面，这段垂直切面的深度一般在 2 米以内，通常由人工挖掘而成，用以观察和研究土壤形态特征。因修路、开矿或兴修水利设施时显露的土壤垂直断面称为自然剖面。从土壤是一个三维实体的观点出发，一般把土壤剖面视为一个最小体积的土壤，即单个土体；反之，自然界的土壤亦可视为由若干个单个土体所组成的聚合土体。土壤剖面资料是确定土壤类型、制订土壤分类系统、野外勾绘土壤图、确定土壤界线以及选择典型土壤剖面和试样的重要依据。

海南岛的砖红色土壤

下页左图是砖红壤剖面，摄于海南岛福山县，母岩为玄武岩，成土风化作用非常强烈，原生矿物几乎分解殆尽，铁、铝等元素大量富集，土层深厚黏重。黏粒硅铝率 1.5 左右，黏土矿物以高岭、三水铝石、赤铁矿为主，是云南西双版纳、海南岛、雷州半岛和台湾西南角地区热带雨林条件下形成的特征土壤，适宜种植橡胶、椰子、胡椒等，是发展热带经济作物的重要基地。

哈尔滨的黑色土壤

下页中图是哈尔滨附近黄土性母质发育的黑土剖面，黑色粒状结构的腐殖质层厚 50~60 厘米，呈舌状下伸到灰褐色胶膜明显的核粒状淀积层中，全剖面都可见到不同数量的硅粉和球状小铁子，微酸性，pH 值 5.5~6.5。这类土壤主要分布在东北中温带湿润的漫岗平原地区，适宜种植粮食和豆类作物。

新疆的棕漠土壤

下页右图是摄于暖温带极端干旱漠境地区新疆和硕的棕漠土剖面，地表为一片漆黑的砾石戈壁，表层的孔状结皮发育不及灰漠土完善，但碳酸

聚集了大量铁、铝元素的 黑土地：粮仓的摇篮 戈壁滩上的土层
红壤剖面

钙较多；下面的红棕色铁质染色层厚5~6厘米，与砂砾石相胶结，其下
为石膏砂砾混合层，再下为白色石膏聚积层。有的低平地段在石膏层之下，
还出现坚硬的盐磐。这类土壤主要分布在吐鲁番以东及玉门以西的戈壁地
区，其次在塔里木盆地沙漠的外缘，柴达木盆地的西部戈壁丘陵地段也有
分布。此地区是我国重要的养驼基地。

贵州的黄壤

下页左图是贵州省修文县的黄壤剖面，母质为页岩风化物。它与红壤
同处一个地带，多分布于阴坡或山丘上部。雾天多，湿度大，土体中游离
氧化铁水化，使剖面呈现黄色或蜡黄色。这类土壤主要分布在川、黔、湘、
闽山丘地区，适种杉木、茶、天麻等经济植物。

四川的紫色土壤

下页中图是摄于四川省仁寿县的紫色土剖面，虽然耕种了多年，剖面
上下的形态特征仍无多大变化，通体为紫色，都有石灰泡沫反应，它与底
层的母岩紫色泥页岩基本上没有差别。而当地其他母岩上发育的土壤，差
不多都发育形成酸性的地带性土壤类型。此种土壤在我国江南热带、亚热
带地区都有分布，但以四川盆地最为集中。

水稻土

下页右图是广东博罗县水稻土黄砂泥田剖面，位于丘陵谷地的中部，母
质为花岗岩风化物。耕作层灰黄色，有稍多红棕锈斑；犁底层淡灰黄色，有

经济作物的温床——黄壤

天府之国的宝土——紫色土

花岗岩地区的水稻土

更多红棕锈斑，且较紧实；心土渗渍层棕黄色，有大量红棕锈斑和暗色斑块；底土红黄相杂，似原土的网纹层。全剖面多砂砾，保肥力弱，应多施有机肥提高土壤肥力。

桂、黔、滇的喀斯特地区土壤

左图是摄于贵阳地区的棕色石灰土剖面，土层厚 50 厘米。表土灰棕色，向下由暗红棕逐渐过渡为淡红棕，底部是淡紫灰色石灰岩母质层。这种土壤以桂、黔、滇三省分布较多。我国南方亚热带地区石灰岩母质发育的土壤，一般质地都比较黏重，剖面上或多或少都有石灰泡沫反应，但土壤颜色却各不相同，常见的有红、黄、棕、黑四种。

喀斯特地区的石灰土

珍贵的土壤

有人说，太阳送给地球第一份珍贵的礼物应当是土壤。在地球表面生态系统中，土壤圈与各圈层间有着错综复杂而又十分密切的关系。土壤圈处于其他圈层的交接面上，成为连接它们的纽带，构成了连接无机界和有机界的桥梁，即生命和非生命之间联系的中心环节。

地球的皮肤

地球半径约为 6400 千米，而地表土壤的厚度仅为几十厘米，相比之下可谓微乎其微。但正是这薄薄的一层土壤，使地球上有了茂密的森林、广阔的农田和草场，人类才能从中获得宝贵的生产和生活资料。

土壤在地球表面的领地其实并不大。如果把地球看作一个硕大诱人的苹果，地球的表面就是苹果皮；让我们转动这个苹果，寻找整块苹果皮上的"泥巴"有多少。地球表面近 3/4 是海水，所以我们先将苹果一分为四，只留下其中的一瓣，这一瓣代表干燥的陆地。再将陆地的这一瓣苹果一分为二，一半的部分被沙漠、极地和高山占据；这些地方或炎热，或酷寒，或高耸入云端，土壤难以在这些地方"定居"。留下的是气候适宜生物生长和能够生成土壤的地方。这一部分中，大约 40% 由于地形、肥力和降雨的原因，往往过于陡峭，遍地岩石，或者过于潮湿，难以成为"土壤王国"。这样，剩余的部分只有一个完整苹果表皮的 7.5% 了。在地球表面薄薄的一片"苹果皮"上，人们盖起各式各样的房屋，修建工厂、住宅、商店、医院、学校和硬化的地面（包括运动场和道路），城市面积不断扩大，膨胀的人口几乎要将这薄薄的一片苹果皮占满了。

土壤无论对植物还是对土壤动物来说，都是重要的生态因子。植物的根系与土壤有着极大的接触面，在植物和土壤之间进行着频繁的物质交换，彼此有着强烈影响，因此通过控制土壤因素就可影响植物的生长和产量。对动物来说，土壤是比大气环境更为稳定的生活环境，其温度和湿度的变化幅度也小得多，因此土壤常常成为动物的最佳隐蔽所。动物们在土壤中可以躲避高温、干燥、大风和阳光直射。由于在土壤中运动要比大气中和水中困难得多，所以除了少数动物（如蚯蚓、鼹鼠、竹鼠和穿山甲）能在其中掘穴居住外，大多数土壤动物都只能利用枯枝落叶层中的孔隙和土壤颗粒间的空隙作为自己的生存空间。

土壤是所有陆地生态系统的基底或基础。土壤中的生物活动不仅影响着土壤本身，而且也影响着土壤之上的生物群落。生态系统中的很多重要过程都是在土壤中进行的，特别是分解和固氮过程。生物遗体只有通过分解作用才能转化为腐殖质，或者被矿化为可被植物再利用的营养物质；而固氮过程则是土壤氮肥的主要来源。这两个过程都是整个生物圈物质循环不可缺少的过程。

　　土壤作为地球的"皮肤"，是大气圈、水圈、生物圈和岩石圈的中心交汇区，它在整个生态系统中的作用已为越来越多的科学家所认知。土壤圈中的物质和能量在固相、液相和气相之间不断交换，与此同时，土壤圈与岩石圈、水圈、大气圈和生物圈之间也存在着物质和能量的交换。这些物质和能量的交换过程不仅影响土壤质量和食物安全，也直接影响到水体质量和温室气体的排放。因此，土壤资源的保护和合理利用不仅与农业的可持续发展密切相关，而且事关整个社会可持续发展的前景。

相关链接

　　生态（Ecology）一词源于古希腊文字，意为"家"或"我们的环境"。简单地说，生态是指一切生物的生存状态，以及生物之间及其与环境之间环环相扣的关系。生态学最早是从研究生物个体伊始，如今已渗透到生物和环境的各个领域，所涉及的范畴愈来愈广。人们常常用"生态"来定义健康的、美的、和谐的事物。不过，不同文化背景的人对"生态"的定义有不同的理解，多元的世界需要多元的文化，正如自然界所追求的物种多样性一样，只有生态的多样性才能维持生态系统的平衡发展。

　　生态系统是指由生物群落与无机环境构成的统一整体，是生态学领域一个主要结构和功能单位，属于生态学研究的最高层次。生态系统的范围可大可小：最大的生态系统是地球的生物圈，最小的生态系统可以是生活有微小细菌的一滴水；最复杂的生态系统是热带雨林生态系统。人类主要生活在以城市和农田为主的人工生态系统中。生态系统是开放系统，为了维系自身的稳定，生态系统需要不断输入能量，否则就有崩溃的危险。许多基础物质在生态系统中不断循环，其中碳循环与全球温室效应密切相关。

最珍贵的矿产资源

看了这个命题，有读者可能会问：土壤也是资源？而且是珍贵的资源？且让我慢慢道来。

温带和热带地区原始山坡上的土壤一般厚度为 30～90 厘米，每厘米土壤的自然形成时间从数百年至数千年不等。与犁耕农业条件下每个世纪土壤侵蚀的速度相比可知，犁耕在这些地区仅可延续几百年至两千年。这个简单的估计很好地解释了世界各地主要农业文明的时间跨度。除农业文明兴起的肥沃河谷地区以外，文明一般历时 800～2000 年，地理考古研究表明，土壤侵蚀和许多古老文明的衰落有关。从这个意义上说，土壤是不可再生的自然资源，其珍贵程度可想而知。

行走在通衢大道上，看到被路基覆压的耕地，漫步在各大中型水库岸边，可以想象到被水面淹没的耕地，走进城镇新区和工业园区，也不难看到被当作建筑垃圾抛弃的耕作层、堆满垃圾的耕地……在这些被征用的土地上，良田好土占相当大的比例，其中被覆压和被抛弃的优质耕作层，虽然没有人进行过量化计算，但无疑会是一个天文数字。

提起矿产资源，人们头脑里的概念一般是金、银、铜、铁、煤、磷、油、气等金属和非金属矿物质。实际上，这些仅是矿产资源的"冰山一角"，矿产资源是一个非常丰富、非常庞大的家族。在一切矿产资源中，土是最基本的、最重要的资源。如果说石头是"大地母亲"的"骨骼"，水是它的"血液"的话，那么土就是它的"肌肤"。

耕作层是劳动人民经过世世代代营造、培养出来的珍贵资源，它出于土而优于一般土，是人类赖以生存的最基本的生产资料。如果说在阳光雨露下的土造就了自然界，那么耕作层则造就了人类文明。人类从狩猎发展到农业文明，主要靠的就是土地上的耕作层。

事实证明，成熟的耕作层，不是十年八载能够培养得出来的，至少需要数十年乃至上百年的时间；这样的耕作层，从理论上讲是比金子还珍贵的物质。

有耕作层的土地，不仅是劳动人民的养命之本，也是统治阶级的治权之本。历代的皇粮国税、农民起义、王朝更换，土地都是引发争议的核心

耕作层照片（A：耕作层，P$_b$：犁底层，C：母质层）

内容。孙中山先生领导的辛亥革命最能体现最初提出的民族、民权、民生组成的三民主义的，就是"耕者有其田"的口号。中国共产党领导的新民主主义革命、社会主义建设和改革开放，也都是紧紧围绕土地而拉开的一幅幅波澜壮阔的历史长卷。

濒危土壤

当今地球上某些土壤就像某些动植物一样，已变得愈来愈罕见、愈来愈稀少，而且面临永远消失的危险。

这不是笔者故弄玄虚或"独创"，不信你去翻阅一下《生态系统》杂志，其中一些论文以科学的论据提出这样的警示，提醒世人重新思考"像泥土那么普通"的说法。

号称农业最发达的美国有一项研究发现，美国有508种濒危土壤，其中6个州有超过一半以上的珍贵土壤面临消失的危险：情况最严重的印第安纳州濒危土壤所占比例达82％，加利福尼亚州的艾奥尼紧跟其后，濒危土壤比例仅低一个百分点（为81％）。研究人员惊叹，更令人不安的是，濒危土壤的"热点"地区大多在美国的农业中心区。在这些地区，31种土壤事实上已经消失，因为它们几乎全部被转换为耕地或另作他用。

人们为什么要担心这些未开垦的处女地？生态系统学家罗纳德·阿蒙森教授说，作为地球生态系统的基础，土壤与依靠它生存的动植物息息相关。珍稀的土壤（比如酸度极高或养分含量很低的土壤）会出产珍稀的植物。加利福尼亚州艾奥尼附近一块非常古老并缺乏养分的土地上生长着4种在美国其他任何地区都不曾发现过的珍稀植物。他的结论是：从根本上说，土壤的多样性决定着生物的多样性。

但是，耕作却促使微生物把土壤中的有机质迅速代谢为食物，从而改变土壤的生物地球化学性质，这种对土壤的干扰会影响到赖以为生的动植物。

阿蒙森在论文中无奈地写道："被耕作的土壤就像被驯化的动物。它与生活在自然环境中的祖先有相似之处，但其特性已经发生巨大而深远的变化。"

现在让我们回过头来看一看，人类对于"土"和"土壤"的认识经历了何等复杂而曲折的历程；这种认识的演化发展也从单独的"土"和"土壤"演变为土壤圈、生物圈、生态和生态系统。

这些自然科学的概念初听起来的确有点枯燥无味，但是将它用一种文化的思路贯穿起来，就会让读者的思路逐渐理顺，从枯燥到兴味，从"自然"到"文化"，逐步进入文化的自由王国。这种经过成千上万年琢磨、探索和研究而得到的认识，正是文化的一部分，也正好说明只有从文化的角度认识一种事物，才能提高到文化的角度去亲近它、识别它，才能取得本质的认识。

土生土长的土文化犹如此，我们这套《山石水土文化丛书》中所阐述的山、水和石何尝不是如此呢！

感恩大地
——土

　　古今中外，许多名人的论著和诗词歌赋中，都以美丽动人的词句歌颂泥土的芬芳和伟大，把它比喻为"母亲"。管仲曰："有土斯有财，土壤孕育万物，土为万物之母。"马克思也说："土壤是世代相传的，人类不能出让的生产条件和再生条件。"全世界所有的民族，几乎是不约而同地尊称土地为"地母"，并进行各种盛大而庄严的祭祀活动。这是值得深思的带有文化和哲理思想的问题。

土的传说——大地母亲

　　泥土是人类生存、繁衍、发展的物质基础。特别对于农耕民族来说，大河大江流域肥沃的土地构成农耕的主要生产方式，这种以土地、农耕为主的气候、土壤环境对农耕民族上古神话的形成、特点，以及神话的命运，都产生了深远的影响。中国古代有女娲抟土造人的故事；澳大利亚有天神庞德－杰尔用树皮和泥土造人的神话传说；古希腊有天神普罗米修斯用泥土和水造人的神话故事；非洲、新西兰以及许多其他国家或民族都有类似的神造人类的神话。

女娲抟土造人

　　用泥土造人的说法，不只是出现在古时外国宗教的《圣经》中。在中国古代神话中也早有女娲用黄土造人的故事。据《太平御览》卷七八引《风俗通义》："俗说天地开辟，未有人民，女娲抟黄土做人，剧务，力不暇供，乃引绳于泥中，举以为人。"也就是说，盘古开天辟地之际，地上没有人，女娲便用黄土加水和泥做成人。由于地太广阔，一个一个地做人太慢了，于是女娲把绳放入泥中，把绳子举起来，绳子上的泥分散甩出去，就成为许许多多的人。在我们的祖先创造了女娲用泥土造人的美妙神话故事的几千年之后，上帝造人和其他的神造人才随各自的宗教传入我国，上帝造人和其他的神造人自然不是真实存在的事实，都同女娲造人一样是由人臆想出来的神话故事。

　　女娲祠的建造年代，可追溯到秦代，距今已有2000多年的历史（下页左图）。1986年，天水牧马滩出土秦墓木板地图，其中绘制葫芦河的2号图标有一亭形物。据学者考证，此亭形物当为女娲祠。胡缵宗在《秦安志》中也记载，女娲祠"建于汉以前"。

　　女娲是造人的天神。据说她在黄河岸边造人，用的是黄土，所以造出

女娲祠　　　　　　　　　　　　　　　　　　　　　　　女娲洞

的全是黄皮肤的人。可以说，她是炎黄子孙、华夏儿女和蚩尤传人的老祖母。在远古时代，位于山西万荣黄河、汾河交汇处的水中沙洲"汾阴脽"，为中华民族伟大母亲——女娲"抟土造人"神话提供了理想的条件和氛围：天然隔离的秘密环境"汾阴脽上"和"抟土造人"的天然原料——河水、黄色泥土。

在女娲生活的远古社会，母权部族的成员们在最高首领女娲的带领、关怀下，过着无忧无虑、祥和雍熙，"只知其母，不知其父"的散漫生活。除渔、猎和采集食物等日常劳作以外，玩土、和泥等游戏也是远古先民们童年时期的日常活动之一。由于他们赖以生存的食物都是来自山川、河流和辽阔的土地，所以在远古先民们的认识中，把化生万物的神秘大地与哺育生命的伟大母亲紧紧联系在一起。

当时，母系部族的人口繁衍，是以秘密状态的"乱交"和"杂交"方式进行。那时的部族女性，在童年、少年时享受着母亲和女娲出于天性的特殊呵护，大约到了"怀春"的年龄，才能在母亲和女娲的允许下，与非血亲的男子交媾。在山西晋东南地区黎城、襄垣一带，曾经流传着每年农历二月十八"娲皇圣诞"前后，青年男女趁赶庙会时，夜间在野外"寻春""求种"的古老习俗。由于对两性生活的无知和对生命现象的神秘崇拜，人们把"男女交媾"和"生儿育女"过程视为不可见人、羞耻难言的事情。身为母系部族社会最高首领的女娲，平时享有与非部族血统男子"秘密交媾"的权利，一旦怀孕，也可以编造出"履神人之迹"之类的神话掩人耳目。但到分娩时，出于维护自身尊严、领导权威和部族秩序的需要，就只好暂时与部众隔离，由部族中年长的女性陪同，躲避到僻静安全、人迹罕至的河中之渊——"汾阴脽上"，去完成神圣庄严、痛苦不堪的生育使命。当她度完产期，带着孩子返回部族时，面对子民们对"新成员来历"的疑惑，这位满怀爱心和智慧的母亲，只好编造出富于想象力的"抟土造人"童话，以搪塞和敷衍他们的提问。平时以泥土游戏为乐的部族成员，自然会对女娲圣母能令泥人变活的能力备感崇拜。以后，一代代母亲们"照本敷衍"，口耳相传，用来巧妙地回答子女们提出的天真问题，女娲遂成为远古先民崇祀、尊奉的伟大"创世女神"。

虽是神话传说，但给后人传递了我们的先祖女娲为了人类的生息和繁衍是在怎样的条件下奋力拼搏的信息。女娲抟土造人和创造万物的神话表达了远古信息：世间一切生命都来源于众生赖以生存的土地。"抟土造人"的神话成为中华民族历史文化中最美丽动人、富于幻想色彩的神话传说之一。

这种自古相传的神话故事常常也遗落在近代和现代的一些少数民族的民俗中，只不过稍微改变一种形式。泸沽湖畔纳西摩梭人颇为神秘的走婚习俗已是人人皆知的民俗。藏族人其实也有这种风俗的"变种"：女儿到了14岁的成人年龄，便被父母安置在草原的帐篷中，昼夜有藏獒相护，只要看到帐篷外挂上一条头巾，就表示心上人可以入帐同居；要是摆上一双长靴，就表示谢绝入门了……这样的习俗是否有女娲氏的遗风？

大地母亲

相传，希腊神话中的大地女神盖娅是第一个从混沌中分离出来的人，以后她生下许多孩子。盖娅的儿子中有一个名叫安泰的，力大无穷，无人可敌。他只要双脚不离地，就能不断地从大地母亲身上汲取力量，战胜任何敌人。神话终归是神话，但神话却向人们揭示了这么一个真理：人类的生存离不开大地。事实上，大地养活了无数的植物，植物又间接地养活了动物和人类。因而人类认大地为母亲，是理所当然、水到渠成之事。

从远古至今，欧洲人就崇拜肥沃的土地，相信大地是生命之源。近年来，罗马尼亚、德国、法国出土了一些青铜时期体态丰满的女性小雕像，猜测古人是用它们来崇拜伟大女神或大地母亲的无限繁殖能力。不同地方对大地女神有不同的称谓：正像上面所说古代中国以女娲为大地母亲一样，埃及称她为伊西斯，希腊称她为盖娅、雷亚、德梅特或埃拉，罗马称她为塞莱斯，弗里吉亚称她为西贝尔……不论是什么名字，大地母亲的主要使命就是生育繁殖。

在罗马尼亚神话中，大地母亲至高无上，主宰着人类和其他所有神灵。她拥有躯干、脑袋、心、腹部和四肢，拥有地表的所有一切，大地就是她的面孔（罗马尼亚语中经常可以看到"从地表消失"或"好像从来没有在地面上看到过"等表达）。耕地会划伤大地的脸面。因此，古老的农业习俗要求农民在耕种自己的小块土地之前，要跪下请求大地原谅他将要用铲子和犁划破土地。

埃及人的地神叫吉波，他有个儿子叫奥西利斯，《安尼书》等文献赞美奥西利斯时写道："你能凭你自己的意愿使植物生长……你是你兄弟的元首和王子，你是诸神的王子……你以你的手造成天地、河流、大风、

相关链接

自旧石器晚期以来，农业民族普遍崇拜丰乳肥臀的母神形象，祈祷她乳汁充盈、哺育万物。法国南部的奥瑞纳旧石器时代文化即出现了造型非常一致、体态丰满、栩栩如生的孕妇小雕像，即维伦多夫女人小雕像。她们体态丰满，乳房、臀部、腹部都特别肥大，大腿也很粗壮。考古学家们把这些雕像称为"维纳斯"，即古罗马人们心目中的"美和爱之神"。

1979—1982年，考古工作者在辽宁省西部喀左县大凌河西岸的山东山嘴祭祀遗址中，发掘了两件较为完整的女神像和一些塑像的残片。塑像均为陶质裸体立像，头及右臂均残缺，形体肥硕，腹部凸起，臀部肥大，左臂弯曲，左手贴于上腹，明显表现为女性。两件雕像以极为流畅的线条、极为简练的艺术手法，突出和强调了大腹、肥臀、粗腿的孕妇特征。造型小巧简朴，生动而充满生气和活力，给人以原始稚拙之美感，体现了原始人类对于女性美的审美追求。这两件塑像与欧洲奥瑞纳文化出土的妇女小雕像在许多方面是一致的，种种迹象表明，她们与人们企求生育、繁衍与壮大部族力量的祈求有关，也与通过对母体的崇拜达到祈求农业丰收和六畜兴旺的原始祝殖思维有关。

感恩大地——土

草原、牲畜和所有的野兽""大地卧在你的臂上，天的四根柱子也压在你的身上，你稍有动弹大地将颤抖……尼罗河来自你身上的汗，你发出的气息就是人类赖以生存的空气。人类所依赖的万物从草木到麦类无不来源于你。你就是人类的父母，人类依赖你的气息为生，他们吃的是你身上的食物"。根据埃及神话，奥西利斯死后，尸体被制成木乃伊，并在阴间得到复活，成了阴间的国王，审判死人，保护人间。他的儿子荷拉斯继承了人间的王位，统治整个世界。这样，埃及国王就成了地神的后代，并且世代效仿奥西利斯，死后将尸体做成木乃伊，于是地神与祖先神合为一。

土地崇拜

在人类起源的神话中，不管是中国、希腊还是两河流域的文明古国，关于人类起源的神话都突出了人与土地的关系：中国女娲泥土造人，希腊普罗米修斯泥土造人，希伯来上帝泥土造人。三则人类起源神话表现出了一种共同的认识，即人类与土地的渊源关系："人类从根本上来说是依存于土地。"

土地崇拜的由来

原始人类中的土地神崇拜由来已久，尤其是进入农耕时代以后，大地滋生万物的伟大力量进一步展示在原始人面前，土地神更加成为人们宗教生活中的重要精神支柱。土能承载万物，孕育万物，延续万物，因而对土地的崇拜是古代人类最早的崇拜，中外各民族概莫能外。"民以食为天"，是一个至为朴素的真理，"土能生万物"是又一个至为质朴的真理。"土"与"食"便由此而形成了因果关系，结下了不解之缘。农业发展初期，虽然认识到"人非土不立"，但把土生万物看作神赐，古埃及和古罗马都把土地称为肥力女神（西达或普罗尔平）。华夏大地的子民则以"社"为土神，以"稷"为谷神，祭土神和谷神之地叫社稷；后来转意将国家称为社稷，即把"土"和"谷"看作国家必须具备的必要条件。

中国先民素来有崇拜自然的文化传统，崇拜山川生灵、崇拜太阳、崇拜土地。土地是人类赖以生存与立足的物质基础，是衍生人类及其文化的本源。因而，对于以农耕为传统的中国人来说，没有什么比土地更宝贵、更值得尊崇的。土地载万物，又生养万物，长五谷以养育百姓。《左传·通俗篇》云："凡有社里，必有土地神，土地神为守护社里之主，谓之上公。"所谓土地神就是社神，其源自对大地的敬畏与感恩。请看：

《说文解字》："社，地主也。"顾名思义，社就是土地的主人，社祭就是对大地的祭祀，又有后土之说。

《礼记》："后土，社神也。"《礼记·祭法》篇注称："大夫以下包士庶，成群聚而居，满百家以上，得立社。"

《史记·封禅书》："汤以伐夏，祭告后土。"

晋文公重耳为躲避朝廷迫害，落难于荒野。逃亡途中，饥饿难忍，乞讨于村郊。农夫说，我这里没有粮食，只有这块土地。农夫把脚下的黄土盛了一钵，送给重耳，重耳很气愤。他的大臣赵衰告诉他："土者，有土也，君其拜受之。"意思是说，你有了这块土地，你就有了社稷，就有了国家，就有了你的王位和权力了。重耳听后跪了下来，把这块土捧在手里。这就是我们曾经的土地伦理，表明了古人对土地的态度：土地是社会的全部——财富、权力和社稷。

传统中国是一个典型的农业社会，从事农业生产的人口一直占绝大多数，有关农业和土地方面的崇拜与信仰几乎可以代表全部的崇拜与信仰。农业的祭神活动源远流长，所祭之神可谓名目繁多。在山西几乎无村不建土地庙，无家不供天地爷，无处不塑龙王像。县城里必建城隍庙和八蜡庙，每到春秋还有不少由官方主持的祭典，以促农种，以报秋实。

在农民眼里，土地是粮仓，是饭碗，是衣食父母。世世代代的先人和父老兄弟，都很看重土地。远古时代，我们的祖先就对土地怀着虔诚的信仰，并以隆重的方式崇拜、祭祀它，连至高无上的皇帝都要净身食素于岁首、年尾去叩拜土地，何况平民百姓呢！在农村，尤其穷乡僻壤，村里没有任何稍稍豪华的设施，却一定会有土地堂，往往在河岸上、石崖边，或石砌，或木构，小巧简陋，朴实无华。土地堂里，供奉着土地菩萨，那是农村人心目中的财神爷。农历六月初六，是土地生日。按照传统乡俗，农民要为土地爷做生日，要在家中供奉的土地神牌位前，洒上两杯薄酒，燃上一炷清香，每户农家，还会备上一沓黄纸，悬挂到自己耕作的每一处山林和每一块土地上。

土地公的信仰似乎是逃脱不了和大自然的关系。在古代，当人们要祭拜土地公时，他们往往都会在当地找一棵枝叶茂密、高耸参天的大树来参拜。因为在先人的观念里，巨木的根与在地底下的土地神距离是最近的，故在祭祀土地公时，大树的根部就能将信徒喃喃的祝祷传达给土地公公；祭拜之后，再找一颗石头放置在这棵专门祭祀土地公的大树之下，作为下一次来祭拜时寻找的记号。久而久之，人们就将树下的石头当作是土地公的神像，进一步盖庙来供奉他，这也就是为什么有很多土地公庙的开基神像是用石头做的，甚至是去找一块与形相似的石头，直接将其供奉起来。

"有土斯有财"这句话，说明了现今和古代的土地在一般人心目中的价值观。而在民间对"土地神"的祭祀也就成了一种相当广泛且普遍的信仰；从"田头田尾土地公""庄头庄尾土地公"，甚至是"街头街尾土地公"等谚语，都可以印证福德正神在社会上所扮演的重要地位。至于对天的崇拜，则是人类文明有了进一步发展情况下的产物。人们认识到大地的丰收除了"地"的因素，还有"天"（气候）的因素，大地的灾祸也有"天"在起作用；而"天"的作用似乎更大于"地"，因而出现了"天皇"的崇拜，并且把"天皇"排在"地母"的前面，成为第一尊神。这就是天皇老子与地母的演绎过程。

今天，城隍庙与八蜡庙的祭祀活动已基本消逝。但在农村，与农事有关的古老传说中的人物如伏羲神农、黄帝、后稷、土谷、青苗、雹神、虫神以及与农家生活紧密相关的各种时令节日（如门神、灶神、马神、牛神等）依然被人们所信奉、所敬仰。在农民心目中，土地神是掌握土地和庄稼的神灵，它能够保佑禾苗壮大，能够防御风雹虫害，只要虔诚地供奉它，便会获得丰收。春日田事方兴，向土地神祈祷丰收，秋收后向土地神表达谢意。虽然，今天人们的各种崇拜与信仰已不完全顺应天人之间的赏与报、祈与祷的关系了，但习俗既久，移易也难，农民对土地的崇拜更多的是顺应习俗和传统。

从黄帝到历代帝王祀后土，再到百姓万民祀后土，并不仅仅是为了精

　　土地神崇拜源自古代对土地的崇拜。以前为天子诸侯祭拜的"社稷","社"就是土神,"稷"就是谷神。古文中称其为"后土""土正""社神""社公""土地""土伯"等,正规的称呼则是"福德正神",台湾民间多称之为土地公、伯公、福德爷等。城镇和寺庙多用"福德正神"刻于木牌或石碑上。社稷神原是土神或谷神,后来逐渐人格化,成了"人格神"。在郊野和墓地则惯用"后土"。

　　关于人格化土地公的来历,传说是一位心地善良、温厚笃实、乐于助人的形象。根据这一形象雕刻的土地公神是一位白须、白发,笑容可掬、福态吉祥的老人,似古时地方员外的打扮:头戴帽,帽檐两条布须下垂抵肩,一般穿着普通便服,面庞丰盈,两眼微眯,慈祥地微笑。有些土地公神像边还伴有一张老虎图,以示老虎为民除害。

土地神照片

神的满足和心理冀求的圣举,而更重要和更实际的还在于它是一种对土地的崇拜和期待,对丰收的企盼与渴望。后土信仰所表达的情感,既有对土地的热爱,也有对国家的拥戴。在新的时代背景下,重新诠释和解读后土信仰,对于培养爱国主义和热爱乡土的情感,增强全球华人的凝聚力,维护国家稳定、民族团结及世界和平,都有重要的意义。

社稷坛与五色土

　　在那古柏遒劲、繁花飘香的北京中山公园内,有一座铺有五种颜色土的大土坛,它便是保留至今的明清时代的社稷坛。

　　社稷坛是祭祀社稷时所用之坛。社,是土神;稷,是谷神。这种对社稷的祭祀,是出于古人对乡土的深厚感情。明永乐年间营建北京时所建的铺填五色土的社稷坛,应该叫"太社稷坛"或"太社坛"。据明代的史料说,太社坛在明代先后有三处：南京、中都（安徽凤阳）和北京的大都。跟前两者比起来，北京的太社坛自然是最年轻的了。明太祖吴元年（1367年）落成的南京社稷坛，原是东西对峙的两坛，社稷分开，两坛相距五丈。坛南皆植松树；坛上铺填五色土，土色随其方位——东青、南赤、西白、北黑、中黄；为了象征中央的统治，又以黄土覆于面上。洪武十年，明太祖朱元璋认为社稷分为两坛祭祀不合经典，故让礼官奏议，于是太社坛改在午门的右方，社稷共为一坛。明成祖朱棣永乐时建北京社稷坛所遵照的，便是洪武十年改建后的制式。现存北京的这座太社坛仍是一座方形大平坛，坛分3阶，每阶高32厘米，用汉白玉砌成；坛顶为方形坛面，中心和四方将坛面分成5个部分，各铺盖着一种象征中国各方土地颜色的土，这就是著名的五色土：依然是中间为黄色，北方为黑色，东方为青色，南方为红色，西方为白色。坛台正中立了一根石柱，名曰"社主石"，又称"江山石"。据记载，皇帝把"社稷"看作国家的象征，并自认为受命于天。为了祈祷丰收，皇帝每年春秋仲月上戊日清晨来此祭祀，凡遇出征、打仗、班师、献俘或旱涝灾害等也要到此举行祈祷仪式。社稷坛象征我国劳动人民对土地和五谷的崇拜，也象征土地和粮食是构成国家的基础。

五色土象征什么？人们都想从中找出蕴含在背后的故事。

白，象征西方少昊，由手持曲尺掌管秋天的金神辅佐。

青，象征东方太皞，由手持圆规掌管春天的木神辅佐。

黑，象征北方颛顼，由手持秤锤掌管冬天的水神辅佐。

红，象征南方炎帝，由手持秤杆掌管夏天的火神辅佐。

黄，象征居中的黄帝，他统治天下，由手拿绳子掌管四方的土神辅佐。

社稷坛中的五色土

黄土居中，因为最高统治者黄帝居于核心地位。东西南北依次为青白红黑，也即黄帝的四方又各有一个统治者辅佐。坛上五色土，象征全国的土地，即"普天之下，莫非王土"。同时，把天下五色之土集中在同一石台之上，也是天地"全息"的模型。北大荒是含腐殖质高的黑土；广东、广西等地则是含矿物质的红色土；山东、苏北的土是青色的，好像水泥色；甘肃、新疆的土是白色的，极淡的黄色，似牛奶；中央地区河南、河北则是黄色土。五色土也象征金、木、水、火、土五行，根据阴阳五行说，金、木、水、火、土是构成世界的五种最基本的物质，代表五方五色，所以五色土蕴含了全国的疆土。这五色还对应着人体的内脏：（金）肺白、（木）肝青、（水）肾黑、（火）心赤、（土）脾胃黄。

"五色土"究竟如何理解，确实是仁者见仁，智者见智；不同的人有不同的感受，今天的人更有新的理解。李燕先生曾经创作了一幅名为《五色土回想曲》的画，他把画面分割成五块，中间黄色代表皇权，左右两侧蓝和黑色代表国家统治的强权机构——军队和司法，上方为一片穿着红袍的官僚形象，在红、黄、蓝、黑的重压之下，用白描手法刻画出各种职业的老百姓挣扎在社会的底层。画家的这种处理，似乎是更形象、更直接地道出了五色土的实质内涵。

五色土象征着一个泱泱大中华，东边是海，西边是白色的沙，南边是块红土地，北边是黑土的故乡，而中间，就是黄土高原。众所周知，土壤最黑的就是黑龙江的松嫩平原，一望无际的北大荒，如今已变成了一望无际的大粮仓。那个土地，黑油油的可真叫黑呀，捏一把都要挤出油来。土壤最红的是江西，从井冈山到南昌，公路两边全是红土壤，几乎穿过了整个江西省。红色的土地，绿色的植物，真鲜艳、真漂亮。论黄土，就得数山西和陕西了，黄土坡，黄土岗，黄土沟，黄土窑洞，到处一片黄。要看白土，就到甘肃和新疆，白色的土地，金色的胡杨，令人陶醉、令人向往。

五色土中黄土知名度最高，黑土的知名度较高，红土次之，白土再次，青土的知名度也许最低。青土又称绿土，位于中国东部，但是这个地区的很多人不知道自己生活在绿土地上。

有意思的是，早在商周时代，我们的祖先就以不同颜色的玉器祭祀四方神祇，这些玉器的颜色也正是这些不同方向土的颜色：以黑色的玄璜祭祀北方的玄武，青色的青圭祭拜东方的青龙，红色的赤璋祭祀南方的朱雀，白色的白琥祭祀西方的白虎。璜、圭、璋和琥都是玉的制式，表示不同的用途，这就在土文化与玉文化之间架起一条中国传统文化一脉相承的桥梁。

2006 年 6 月，全国 100 个经典红色旅游景区的土壤汇集到了韶山。毛泽东家乡的人民用这些土壤拼成了一幅完整的中国地图。这是他们送给中国共产党 85 岁生日的礼物，也是他们对生长于斯奋斗于斯的祖国大地的敬仰；这也算是另一种形式的土地崇拜吧。

多彩土壤拼成的中国地图

不论是皇家还是民间，不论是过去还是未来，敬畏土地，敬仰自然，构建和谐，才是亘古不变的永恒。只有认识到这一点，才能在这个生态多元化的星球上生存得更加美好。

"耕者有其田"的见证

耕者有其田——最是轻盈单薄的莫过于一方素纸，最是深刻厚重的莫过于一段历史。

农民的命根子——地契

《辞海》对"地契"的诠释是："中国旧时买卖或典当土地所订立的契约。载明其面积、价格及坐落、四至，由当事人和见证人签字盖章，并向当地政府登记纳税后生效。"地契作为见证我国土地权属变更的重要历史资料，真实地反映了我国不同历史时期的土地所有权制度、土地权属变更以及土地管理制度，甚至反映某一历史时期的社会、经济、政治、文化的发展状况。从这个意义上说，正是最为轻盈单薄的一张纸，承载了中国最为深刻厚重的历史文化。

一部中国历史，诚如翦伯赞所言，就是一部土地的发展史。中国土地制度的沿革兴替，大抵与重大历史分期同步。在原始社会，土地属于氏族公有，同耕同享，天下大公；奴隶社会以降，实行以王为代表的奴隶主、贵族土地所有制，"普天之下，莫非王土"是也；春秋战国之交，社会大动荡带来大变革，封建制的确立，造就了封建领主、封建地主以及自耕农的土地私有制，"使黔首自实田"，发轫中国土地私有制度 2000 余年的滥觞。

土地私有必然引发土地的入世流转。一纸地契，即是在历史过程中鲜活直观的见证。古代的地契分为"白契"和"红契"。买卖双方未经官府验证而订立的契据，叫作草契或白契。立契后向官府交税的叫税契。官府办理过户过税手续后，在白契上粘贴官方统一印刷的契尾，加盖州县官印信就成了官契或红契。

私有土地最重要的特征之一是业主必须享有自由处置权。秦前期商鞅变法，宣示土地"民得买卖"。从那时起，一买一卖 2000 余年而不衰。其中也不乏短暂的不自由，如新莽始建国元年，王莽颁诏天下，土地改称"王田"，不得买卖；由于招致全国一片反对声，施行 4 年即行废止。2000多年来，"自由处置"带来的欣喜与满足、痛苦和血泪，演绎了一个又一个的生死故事。

在封建社会，土地是农民的命根子，也是财富的象征。他们勤勤恳恳地劳作，把辛辛苦苦攒下的银钱用于买地，然后盖屋建房以居住；种上庄稼以保全家不饥饿；种上棉花，纺织成布以保暖御寒；种上花生、芝麻、

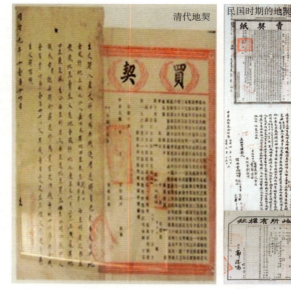

清代地契

民国时期的地契

地契

油菜，以保菜里有油星；种上蔬菜以丰餐桌；家人离世，又回归到这片土地上……总之，对于农人来说，有了土地，就意味着有了一切！于是，土地的置买就成了农民一生的追求，成为家庭中的重大事件，土地契约成了全家最为珍贵的财产凭证。

封建社会土地的买卖具有普遍性，主要原因是封建生产关系的不合理和封建地主阶级的贪婪。封建贵族、勋戚和官僚大地主对土地具有强烈的占有欲，"富豪之家，市买膏腴，动连阡陌"，动辄占田土成百上千亩，因而使土地兼并之风贯穿于土地私有制的整个历史时期，在清嘉庆、道光年间尤烈，其结果必然导致大量自耕农沦为佃农、雇农或流民，两极分化加剧。除突发的自然灾害外，这是封建社会动荡、农民起义频仍的重要原因之一。

一份份发黄的地契使我们仿佛穿越千百年的时空，看见当事人及他们的亲友济济一堂，一面商讨细节，一面讨价还价，有中证人两方说合，也有代笔人奋笔疾书，庄严郑重之态，仿佛把一家老小的命运浓缩、定格在这一纸尺幅之中。契纸正文之末，一定书有"永远存（承）照""永远发达""永厥执中""五谷丰登"等寄托款语，文字较正文为大，表达了某种信念，某种祈望。这充分说明了一个以农耕文化为主体的社会，一个终日在田地里刨食的农民对赖以生存的土地的崇敬、重视和眷恋。

地契的演变

在保存着 600 年历史军屯文化遗存的贵州安顺屯堡，发现了 460 件清朝地契文书，最早的一张距今已有 380 年。这些地契文书大小格式不一，内容多样，分为柯田、囤田以及秋田地契。柯田为中国古代"皇册"所拥有的田地，囤田为国家分配给驻扎在当地军人的田地，秋田为当地人自己的田地。

这些地契多为麻纸和竹纸所制，除几张略有损坏外，绝大部分保存完好，尚能清楚地辨别"普定卫"等朱红大印。民国初年，当地政府承认了其交易的合法性，在地契正文、契与新契纸粘贴处都盖有"中华民国印花税票"字样，税票上盖了查验契据的图章。契约内容涉及当时村民生产生活的各个方面。以卖契为例，如房屋、林木和田地等的买卖，具体功能与现代的房产证、土地所有证相类似。

据了解，当地一位石姓村民所收藏的地契中，较早的一张为康熙二年，最晚的为民国二十三年。带官印的红契有 8 张，其余为白契。同村一名谢姓村民的家中收藏着一张落款为"大汉元年"的地契。"大汉元年"距今300 多年，历史上屯堡人一直以明朝后裔自居，在明朝灭亡后的 10 年间，由于一直不愿意承认大清王朝，便以"大汉"为年号，意在不愿接受满族人的统治。这张地契是现今发现屯堡民间地契中最为古老的一张。

新中国成立前，占农村人口 90% 的贫农、雇农和下中农只拥有不足30% 的土地。1950 年 6 月 30 日，《中华人民共和国土地改革法》颁布，实现了真正意义上的"耕者有其田"。解放区的土地改革成为中国有史以来最重要、最彻底、规模最大的土地制度变革。

《中华人民共和国土地改革法》总结了中国共产党过去领导土地改革的历史经验，适应新中国成立后的新形势，成为指导新解放区土地改革的基本法律依据。在讨论期间，各界人士纷纷表态拥护这部法律。曾参加过同盟会的无党派人士叶恭绰老先生感慨地说："中山先生所主张的平均地权，耕者有其田都没有办到……今天得毛主席来办到，实在是可以告慰中山先生在天之灵的。孙先生说的未成功，现在可由毛主席替他成功了。"《土地改革法》的内容经过各种形式的宣传，做到了家喻户晓。

美丽的五色土
土生土长的土文化

北京市郊土改时农民丈量土地的情形（新华社发，资料照片）

湖南岳阳县策口乡农民烧毁旧地契（新华社发，资料照片）

土地改革后，广州一位农民在采摘荔枝（新华社发，资料照片）

江西革命老区的农民分得土地后，向毛泽东主席写信报告土改的结果，他们说："我们有了这命根子，一定要勤劳耕种，努力把生产搞好，争取我们的生活迅速改善。今天我们全乡群众热烈地集合在松江山上，庆祝土地还家。会场上红旗招展，锣鼓喧天，我们尽情地高呼，尽情地歌唱，尽情地欢笑。"

土改后，农村的面貌焕然一新，中央人民政府副主席宋庆龄曾这样描述："当你走进一个土地改革已早成为一个被接受了事实的农村时，你立刻能够从人民的脸上，从那富有自信的表情和他们的昂首挺立的姿态上，看出这一点来。处处看得出他们对生活的新态度。整个的气氛是充满了意义的。""这一切都导源于一个事实，那就是，农民可以手指着田地，怡然自得地对你说：'这是我的。'"

到1953年春，全国除一部分少数民族地区外，土地改革都已完成。全国有3亿多无地少地的农民（包括老解放区农民在内）无偿地获得了约7亿亩土地和大量生产资料，免除了过去每年要向地主缴纳约3000万吨粮食的苛重地租。在我国延续了几千年的封建制度的基础——地主阶级的土地所有制，至此彻底消灭了，农村的生产力得到极大的解放，为新中国的工业化奠定了基础。

土改的意义是深远的。即使西方的一些学者也认为中国的土改是一个具有里程碑式意义的革命事件，它标志着中国作为一个具有全新概念的民族国家的崛起。

十七届三中全会通过推进农村改革发展若干重大问题的决定，农民可望获得有条件的土地流转权。这意味着农民对所耕作的土地，终于有了不仅仅限于生产上的支配权。经过这么多年的努力，中国农民终于有望在"耕者有其田"的道路上在物权的意义上前进一步。

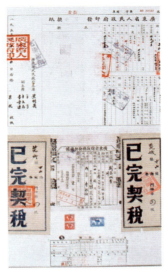

土改时期的土地证
（东莞森辉自然博物馆收藏）

土 地 日

古往今来，世界各民族设立了难以计数的节庆和日益繁多的纪念日、主题日。而设置一年一度的全国土地日，似乎是中国人的独创。

土地日的由来

1991 年 5 月 24 日，中国政府决定深入宣传贯彻《中华人民共和国土地管理法》，坚定不移地实行"十分珍惜和合理利用土地，切实保护耕地"的基本国策，确定每年 6 月 25 日（即《土地管理法》颁布纪念日）为全国土地日；确定"土地日"的目的是告诉人们：中国人口多，人均土地少，耕地资源不足。以唤起全民的土地意识。

中国古代也有土地的纪念日，不过它不叫"土地日"而叫"社日"。今天，尽管"社日"已经消亡，土地神也已香火稀疏，"土地日"作为现代的主题纪念日，其意义和影响与"社日"又自是不可同日而语。然而，从"社日"到"土地日"，谁能说其中就没有一种两相承续的历史联系呢？

只要不是虚无主义地看待历史，就不得不承认，尊崇土地、热爱土地、珍惜土地的文化，其实几千年以来从来就没有中断过：从"社日"到"土地日"，一以贯之。珍惜土地是中国人民传承千古的美德。可以说，今人科学认识、利用和管理土地的水平，不知要胜出古人多少，但未必人人都敢与古人的土地恋情做一比较，未必人人都像古人那样寸土必惜。别的不说，就说那些肆意破坏耕地的现代人，他们哪及"但存方寸地，留与子孙耕"的古人那样对土地爱得深沉呢？

1994年，美国《世界观察》杂志刊载了一篇题为《谁来养活中国》的文章，作者是美国世界观察研究所所长布朗。他认为，随着人口增加和消费结构的改善，中国未来的粮食需求将大幅度增加，但由于"耕地减少""生产率下降"和"环境的破坏"，未来中国的粮食产量将会下降，中国面临的问题将是巨大的粮食缺口。于是，布朗提出一个问题：谁来养活中国？这个观点在世界范围内引起了广泛的讨论。姑且不论这个观点的挑衅性意味，他着实给我们敲响了警钟，应当引起我们深刻思考。

"土地日"宣传画

我国有关部门立即做出反应：一定要守住全国耕地不少于18亿亩这条红线。爱国爱人民就要爱土地，爱土地就要珍惜土地、合理利用土地。"土地日"年复一年，我们对土地的认识也在与时俱进。每经过一个"土地日"，我们对土地就多了一份思考、多了一层认识。

"土地日"的反思

土地是十分宝贵的资源和资产，是人类赖以生存和发展的基础。古往今来，许多名人对土地均有过精辟的论述。

管仲：民之所生，农与食也；食之所生，水与土也。

孟轲：诸侯之宝有三：土地、人民、政事。

商鞅：民过地，则国功寡而分兵力少；地过民，则山泽财物不为。

翟灏：但存方寸地，留与子孙耕。

卡尔·马克思：土地是一切生产和一切存在的源泉。

威廉·配第：土地是财富之母。

毛泽东：谁赢得了农民，谁就赢得中国；谁解决了土地问题，谁就赢得农民。

周恩来：中国革命的中心问题是农民土地问题。

土地损失现在已成为一个世界性的严重问题。保护现有土地使之免于毁灭，对中国来说，更具有紧迫感与重要性。在纪念"土地日"之际，广泛深入地开展爱护耕地、保护耕地的教育，增强全民族的耕地忧患意识，让人民群众和各级政府官员"十分珍惜合理利用土地，切实保护耕地"，共同努力，为子孙后代留下一片充满生机的沃土良田。每年"土地日"都有宣传的主题，利用各种形式广泛深入地宣传土地的基本国情，宣传土地法律法规的基本内容以及守法的益处和违法的危害，做到家喻户晓、人人皆知。

全国土地日的宣传主题：

1992年，第2个全国土地日主题：土地与改革。

1994年，第4个全国土地日主题：土地与市场。

1995年，第5个全国土地日主题：土地与法制。

1997年，第7个全国土地日主题：土地与国家——爱护我们的家园。

1998年，第8个全国土地日主题：土地与未来——集约用地，造福后代。

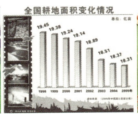

"土地日"宣传活动

感恩大地——土

2009 年第十九个全国土地日宣传口号：

1. 十分珍惜、合理利用每寸土地，切实保护耕地是我国的基本国策；

2. 保护耕地，就是保护我们的生命，严守 18 亿亩耕地红线不动摇；

3. 保增长保红线，推动又好又快发展；

4. 坚持和落实最严格的耕地保护制度和最严格的节约用地制度；

5. 节约集约用地，造福子孙后代；

6. 严格保护基本农田，确保国家粮食安全；

7. 土地整治，富国惠民；

8. 依法依规用地，保障科学发展；

9. 加强土地产权管理，维护群众土地权益；

10. 珍惜和合理利用土地，建设美好新农村；

11. 但存方寸地，留与子孙耕；

12. 加强土地督察，严格土地监管；

13. 坚持依法行政，严格土地执法；

14. 合理利用土地，建设资源节约型社会；

15. 科学规划用地，提高利用效益；

16. 深化征地制度改革，维护农民合法权益；

17. 土地调查，利国利民；

18. 保障民生用地，促进社会和谐；

19. 规范土地市场，合理配置资源。

2001 年，第 11 个全国土地日主题：规划土地，利国利民。

2004 年，第 14 个全国土地日主题：坚持科学发展观，珍惜每一寸土地。

2006 年，第 16 个全国土地日主题：依法合理用地，促进科学发展。

2007 年，第 17 个全国土地日主题：节约集约用地，坚守耕地红线。

2008 年，第 18 个全国土地日主题：坚守耕地红线，节约集约用地，构建保障和促进科学发展的新机制。

2009 年，第 19 个全国土地日主题：保障科学发展，保护耕地红线。

2010 年，第 20 个全国土地日主题：土地与转变发展方式——依法管地，集约用地。

2011 年，第 21 个全国土地日主题：土地与转变发展方式——促节约，守红线，惠民生。

2013 年，第 23 个全国土地日主题：珍惜土地资源，节约集约用地。

2016 年，第 26 个全国土地日主题：节约集约用地，切实保护耕地。

土地情结

中国历来是农业大国，中国人的土地情结从古到今根深蒂固。土地不光是财产，还是让人心安的关键。土地问题是中国革命的首要问题，所以，中国红色革命就是从土地革命开始的，中国的改革开放也是从土地承包开始的。土地，是国人潜意识当中最重要的一个关键词！土地养育了我们的世世代代，我们的骨子里都有一种根深蒂固的土地情结。而农民是土地上的辛勤耕耘者，长期与土地的接触，使他们与土地建立了深厚的感情，他们对土地有无法脱离的依恋之情。

在西方，农民对土地的态度更多地与土地的经济功能相关。他们因为"当地的发展尚不足以改变他们对农耕的传统依赖"而守着土地；因为相信自己可以"平衡短期失业的风险和城乡收入的差别"而离开土地；因为他们认识到城市的高生活水平附带着极大的经济负担而从城市返回农村。中国农民对土地的态度则包含了更多的情感因素，甚至成为一种信仰。这表现在他们乡土性的思想，对农业的极端重视，以及对农历，特别是二十四节气的运用和推崇。传统的中国农民把土地看作命根子，"土地梦是中国农民最久远、最执着、最沉重的梦，是生存之梦"。感性层面上讲，土地不可移动的根本属性给农民带来巨大的安全感，农民世世代代与土地相依，各种情感都与土地相交织。他们的土地通常继承自上一辈，卖掉土地就是"触犯道德观念"，是"不孝"。所以在情感上认定了土地必须代代相传。

卖土现象

据《北京娱乐信报》报道："好好的良田不种，把上面的沃土全按吨卖进城里种草了，这让后代子孙可怎么办？"北京市政协委员洪学锴拿着他拍到的诸多照片，向记者披露了他暗访来的"卖土现象"。记者从照片上看到，很多农家大院门前竖着大招牌："出售好土，每车10元。"地表的耕作层是为农作物提供养分和水分的保障，因此被称为好土。近年北京市区大面积种草坪，但大多数新平整的地面下有不少渣石，种植草坪的效果不是太好。一些人便把耕地的表层好土挖了出售；还有人干脆在良田上种草，再用铲车铲成一块块草皮卖给城里的房屋开发商。据农业科学院专家统计，北京周边地区耕作层的平均厚度只有20厘米，而洪学锴考察发现，京郊有些地区的好土已经卖光，明显比周边地区低陷了30多厘米，全市上千亩这种耕地现在又开始挂出了"出售黄土"的招牌，卖光好土卖黄土。"黄土卖了下边全是生土了，这片地就全废了。"指着照片上一些由于卖土已经荒了的地，洪学锴皱着眉头说。据他了解，卖土的主要是租了农民土地的个体户或单位，"几年以后，这些单位撂下荒地走了，农民们可怎么办？我们的后代子孙可怎么办？"为了找到治理"卖土"现象的对策，洪先生已经快成了环保专家了，他连续两年提出了"无土种植"提案。而依靠营养基生长的草坪无土种植技术已日臻成熟，甚至已可在沙土等非耕地上生产，成本也已大幅度降低，如能形成规模，无土草卷与土草卷的费用是一样的。洪学锴呼吁，有关部门应尽快出台相关法规，制止卖土现象。

抢救沃土的"人民战争"

初夏，重庆丰都县兴义镇长江村。离公路不远的一座小山包，实际上是一片用大块石头砌成的梯田，从下往上看，挺陡，看见的是大石块围堰；顺着石头台阶爬上去，才看得见一块块土地。地块虽不大，上面的土却厚厚的、暗暗的。在这"地无三尺平"的地方，土地稀缺而宝贵。看到这样的土地，记者感慨"土质不错"。村支书江斌反问记者："你知道这土是怎么来的吗？"

据《人民日报》报道，为抢救将被淹没区的耕地，三峡库区实施了"移土培肥工程"。"移土培肥"工程是将三峡库区即将被淹没的优质耕地耕作层土壤，剥离转移到交通便利、海拔在182米以上、距库岸5千米以内的瘠薄田地上，以增加这些土地的营养，此举可使耕地综合产量提高30%，是一项建设永久性的保土、保肥、保水的"三保田"的"生态工程"。实施"移土培肥"工程深受三峡库区农民的欢迎，被千百年来视土如命的库区农民亲切地称为"搬命根子"的造福工程。

2006年8月，三峡库区"移土培肥工程"战役打响了。工程涉及重庆9个县（区），要在当年9月20日前完成139～156米水位线土地耕作层土壤的剥离和搬迁，取土面积近1800公顷，时间紧、任务重。时值百年一遇的特大干旱，气温达45℃。三峡库区的主要淹没区涪陵地处长江、乌江交汇处，蓄水后大量的耕地要被淹没。取土工地上机声隆隆，拖拉机、铲车、汽车马不停蹄。汽车把表土运上山，再由农民分运到覆土的地块。男女老少齐上阵，顶着烈日，人拉、肩扛、马驮，有的妇女身上背

三峡库区万人背土上山造良田

着娃娃卸土、覆土。78 岁高龄的张雪政老人，每天坚持与其他村民一道覆土，别人劝他"您这么大岁数，别干了"，他说："这是为子孙后代办的大好事，别说还给工钱，就是不给钱我也要来……"奋战了一个多月，9月 18 日全面完成取土、覆土任务，保证了三峡水库 156 米水位按期正常蓄水。据介绍，一期工程，全区共出动运输机动车、挖掘机、推土机 160多辆、2 万多车次，投入劳动力 1300 余人。随后进行的移土培肥配套坡改梯工程，共完成坡改梯面积 95.18 公顷。有人说，就像打了一场抢救沃土的"人民战争"！

房屋崇拜

住房——也是土地问题的一个方面。

若干年前，土地是农村人的事，基本与城里人无关，因为城市人住房问题自有政府和单位替他们考虑。可以说，在很长一段时间里，土地基本上与城市居民无关。今天的城里人客观上不大可能拥有一块属于自己的土地，退而求其次，房子成了土地的替代品。我国人民为什么那么喜欢买房子呢？有人觉得这可能与我国历史传统遗留下来的土地情结有关。中国历朝历代的大政方略就是重农抑商，土地对中国人的分量，比对世界上任何国家和民族的人们都重。所以到了全世界开始发展资本主义经济的时候，我国虽然已有了萌芽，但是那时候最有钱和势力的地主阶级却并不急于像外国一样投资新工业的发展；而在我国地位相对不高的商人们，虽然可能比地主更有钱，但他们的钱也没有用于投资实业，而是也选择了去购买土地，让自己变成地主，从而真正在金钱和地位上成为社会的上层。因而造就了一批中国的"工商业兼地主者"，而鲜有"地主兼工商业者"。而农民是封建社会的最底层，他们要翻身就必须有自己的土地，这样就成为小地主，阶级和地位就与以前大不一样了。在中国人心中，也许一切都是虚的，只有土地和土地上的房子才是真实的、安全的。

有一个例子，很能够说明因土地崇拜和家庭崇拜交织而来的住房崇拜。闻名的永定土楼中的振成楼，建于民国初年，当年临时总统黎元洪曾题匾庆贺。这座土楼的业主是一名事业有成的商人，生意主要往来于北平、上海等大都市和海外，照理说即使有钱，在大城市多置几份房产也就够了。但他却耗资 8 万大洋，按照自己的设计，在闽西永定县的大山沟里建起一座足够一两百人的大家族住的圆形城堡式土楼。值得一提的是，因土楼位置的偏僻，交通不便，运输极为困难，像玻璃这类当年的新型建材，甚至要从千里之外的大城市用人背马驮运来。一个商人会如此不计成本，在老家深山沟里建一座大土楼，自然有其传统文化方面的深刻原因：在家乡的土地上建豪宅大院是为了光宗耀祖，让一两百个族人集中住在一起是为了享受到几代同堂的天伦之乐，以便圆土地崇拜、家庭崇拜和住房崇拜之梦。此外可能还有一层意思，就是他作为商人虽然事业成功，但并不愿意有太多的族人像他一样从商，而是希望其他族人依旧过着平稳、与世无争的农耕生活，让土地填补他走南闯北而"失去"的心中的土地，让土地情结在族人心目中永固不衰。

衣食之源

　　土壤，尽管没有它就没有植物、动物以至人类，尽管它整天被我们踩在脚下，但我们对它还是没有足够的关注。

　　前面已经谈到，我国土壤大体分布状况是东北为黑色土壤，东方多水稻土呈青色，南方多红壤、紫色土呈红色，西北干旱土、盐碱土呈白色，中原腹地的黄土高原雏形土呈黄色。不管什么颜色的土壤，都是世世代代华夏子民的衣食之源。

瘦土—肥土—沃土

耕作土壤是人类劳动的产物，它的演变深受人为活动的影响。俗话说，"粗耕土生草，精耕土出宝""人勤地不懒，瘦土变成金"。在人的努力下，可以变沙漠为绿洲，使瘦土变良田。土壤是不断发生、发展和变化的，可以而且能够被人们所掌握和改造。凡精耕细作，就能缩短土壤的演替过程，并能被培育成高产稳产的农田。

蒙金土

随着生产的发展，人类对土壤的认识逐步深化和提高。我国5000多年精耕细作的历史培育了灿烂的农业文化。群众性的识土知识既早且深，有的认识和论点至今仍不失是至理名言。据考证，神农作耒耜教民耕种，黄帝划疆域分野，规划土地。自夏禹之后有了更多的记载，禹治水平天下，分天下为九州，各州土壤和肥力等级均得到确认，为后各朝代对于土壤肥力、利用改良、分类、分布及土地区划等，留下十分宝贵的资料。有人说，中国农民几千年生产实践的经验是全世界农业科学的知识宝库，这是恰如其分的评价。

土壤学家威廉斯指出，土壤是陆地上能够生产植物收获物的疏松表层。土壤的本质特征是具有肥力。所谓"肥力"是土壤为植物生长供应和协调营养条件及环境条件的能力。我国古代认为土壤肥力就是生产力。春秋时代《吕氏春秋·任地》指出："地可使肥，又可使棘。"宋代《陈旉农书》提出"地力常新壮"的理论，主张因地制宜，采取改良土壤、合理施肥、合理耕作等措施可以持续高产而地力常新。《农政全书》指出："若谓土地所宜，一定不易，此则必无之理，人定胜天，何况地乎……若果尽力树艺，殆无不可宜者。"

那么高肥力土壤又有哪些特征呢？最主要的是土壤必须松软，使植物的细根能在土中自由伸展；它又必须坚实，足以有力地支撑植物；同时还必须具有植物需要的、处于适合植物吸收状态的无机成分。最理想的土壤结构体是团粒结构，即看上去像蚯蚓粪的土壤。有没有办法使土壤更多地形成团粒结构呢？较常用的方法是采取耕、锄、耙、压等措施，结合施用有机肥和秸秆还田，就能促进团粒结构的形成。另外，由于作物扎根有一定的深度，因此，不同质地的土壤在不同深度的排列也影响着作物的生长，即土壤必须具备层次性。如果土壤的上下层是砂质土或是黏质土，那就不太理想了。

肥沃的土壤是老百姓常说的"蒙金土"。它的上层是偏砂的壤土，下层是偏黏的壤土，这种土很有利作物苗期、中期、后期生长。翻耕时发现有蚯蚓、蛴螬、蝼蛄的土壤就是肥土。肥土颜色较深，呈黑色或灰黑色，而瘦土颜色较浅，呈黄色或淡黄色。挖体积相同的土块过秤，比重大的为瘦土，比重小的为肥土。用洗脸盆装上细干土并浇水，土表干后无裂缝或裂缝较小、较浅的为肥土，出现裂缝多且大而深者为瘦土。

我国农民总结了"十看"可知土壤肥瘦，十分形象生动，请看：

一看土壤颜色。肥土土色较深，而瘦土土色浅。

二看土层厚薄。肥土土层厚度一般都大于60厘米，而瘦土相对较薄。

三看土壤适耕性。肥土土层疏松，易于耕作；瘦土土层粘犁，耕作费力。

四看土壤淀浆性和裂纹。肥土不易淀浆，土壤裂纹多而小；瘦土极易淀浆，易板结，土壤裂纹少而大。

五看土壤保水能力。水分下渗慢，灌一次水可保持六七天的为肥土；不下渗或沿裂纹很快下渗者为

肥沃水稻土"鳝血"的特写镜头

瘦土。

　　六看水质。水滑腻、粘脚，日照或用脚踩时冒大泡的为肥土；水质清淡无色，水田不起气泡，或气泡小而易散时为瘦土。

　　七看夜潮现象。有夜潮，干了又湿，不易晒干晒硬的为肥土；无夜潮现象，土质板结硬化的为瘦土。

　　八看保肥能力。供肥力强，供肥足而长久，或潜在肥力大的土壤均属肥土。

　　九看植物。生长有红头酱、鹅毛草和莽草的土壤为肥土；长牛毛草、鸭舌草、三棱草、野兰花和野葱等的土壤均为瘦土。

　　十看动物。有田螺、泥鳅、蚯蚓、大蚂蟥等的土壤为肥土；小蚂蚁、大蚂蚁成群结队的土壤多为瘦土。

相关链接

　　面对人口增长、资源紧缺、环境退化等制约农业可持续发展的问题日益加剧，为解决耕地质量下降、肥料效益降低、农产品品质下降、污染日益严重等问题，农业部提出了"沃土工程"建设规划，并于1999年年初报送有关单位和咨询公司进行项目评估。这项工程通过实施耕地培肥措施和配套基础设施建设，对土、水、肥资源优化配置，综合开发利用，实现农用土壤肥力的精培，水、肥调控的精准，从而提升耕地土壤的基础地力，使投入和产出达到最佳效果，增强耕地持续高产稳产的能力。

　　测土配方施肥是以土壤测试和肥料田间试验为基础，根据作物需肥规律、土壤供肥性能和肥料效应，在合理施用有机肥料的前提下，提出氮、磷、钾及中量元素、微量元素等肥料的施用数量、施肥时间和施用方法。通俗地讲，就是在农业科技人员指导下科学施用配方肥，以调节和解决作物需肥与土壤供肥之间的矛盾，有针对性地补充作物所需的营养元素的种类和数量，实现养分的平衡供应；达到提高肥料利用率和减少用量、提高作物产量、改善农产品品质，以及节省劳力、节支增收的目的。

治之得宜，地力常新

西方学者有所谓"土地肥力递减率"之说，认为土地越种越瘦，甚至说罗马帝国的灭亡是由于地力衰竭所致。为解决这个问题，欧洲中世纪实行了农业"二圃制"和"三圃制"，即耕地种两年或三年休耕一次；相当于苏联的"轮耕制"措施。而在中国则与之相反，数千年来土地连年耕种，却经久不衰。到了宋代还出现了"地力常新"论，成为我国传统农业耕作技术的特点之一。德国科学家李比希在《化学在农业和生理学上的应用》中说，中国农业"是以经验为指导的，长期保持着土壤的肥力，借以适应人口的增长而不断提高其产量，创造了无与伦比的耕作方法"。

"地力常新"论的关键是"人善治之"，即要求发挥人的主观能动作用，在农业生产中实行用地与养地相结合，采取多种措施，如多施肥、勤浇水以及实行轮作、间作、套种等制度，长期保持地力，连年耕作。中国农民数千年来发扬了合理用地、积极养地的优良传统，总结了大量经验。比如："春耕田，冬泡田，田上一丘田，一年顶两年；坡田改平田，旱地改水田，一年顶两年"；"治山先治坡，治土先治窝；要得土不流，田边砌石头；砌坎子不巧，只要石头搭得好；治下不治上，水来一扫光；多挖鱼鳞坑，黄土变成金；坡开荒，沟田遭殃"；"低田你莫嫌，深沟能抬田"；"医生要懂得药性，农人要懂得土性；土田一铳药，沙田慢发作；沙土地发小不发老，黑土地发老不发小"；"宁种瘦土沙，不种黄泥巴；种田不种黄泥土，干了硬，湿了黏"；"黄土晒一日硬似铁，油土晒一日软如簸；两土相和，必有好禾；这土和那土，多打四五斗；黑土掺黄土，一亩顶两亩"；"黄土变黑土，多打两石五；轻不过黄土重不过沙；黄土见了沙，细伢见了妈；沙土压黏土，一亩抵两亩；土盖沙，莫乱挖，沙盖土，撒开手；沙压碱，黄金板；沙掺土，肉烧藕；土掺沙，糖糍粑；土加一层皮，顶上一层肥；生土见熟土，一亩顶两亩；家土换野土，一亩顶十亩"；"千年稻场，赶不上当年屋场；歇田如歇马，空田如上粪；歇田当一熟；三收不如一歇；田荒三年瘦，土荒三年肥"；"人要修行，地要秋静；人闲无功，地闲有功"；"树越长越高，田越种越泡；土是铁，肥是钢，土松泥泡粮满仓"。这些内容极其丰富的谚语和经验，有助于维持土壤的生态平衡，保持地力常新，值得我们去研究，从中汲取有益的营养。

生息在我国西南水土流失敏感地带的侗族、水族、苗族和土家族传统的治水治土办法是，在陡坡地段预留1～3米宽的水平浅草带，以降低山坡径流的速度，截留顺坡下泄的水土，也有利于重力侵蚀严重山区的水土流失综合治理。除了防止水土流失，这种办法还有四种好处：一可形成小片牧场，放养家畜家禽；二可能构成防火带，保护森林、农田和村庄免受火灾的威胁；三是浅草带会自然生长，无须额外投资维护，一经形成就可以持续生效；四是浅草带丰富了生态架构，这种多样化的生态景观增添了生物多样性。归纳一句话，就是这种浅草带成效持续而稳妥，并不比任何高精尖工程逊色。

1958年，为实现我国农业高速发展，中共中央提出必须抓好"土、肥、水、种、密、保、管、工"八个方面的工作。这八项措施被概括为"农业八字宪法"。之后，在长达20多年的时间里，"全面贯彻农业'八字宪法'"是一句非常响亮且十分流行的口号。中共中央和国务院发布的关于农业发展问题的文件中大都有这样的要求。可见，农业"八字宪法"对我国农业发展的影响既深且巨。

宣传画让"八字宪法"深入人心

识土用土——多彩的土壤

"地者，万物之本原，诸生之根菀也。"（《管子·水地》）各种厚土沃壤培育了种类繁多的农作物，也培育了多姿多彩的多元文化。

水稻土

水稻土是农民长期种稻、耕作、施肥、灌溉影响下形成的人工水成土壤，具有与起源土壤不同的形态特征与发生学特性。人类在种植水稻过程中，对土壤进行耕作、灌溉、施肥和种植沼生类禾本科植物——水稻，改变了植被、地形和水文条件，改变了有机质的天然合成和分解，改变了矿物质转化与淋溶和累积。主要成土过程是频繁的氧化还原作用，它使土壤产生特殊的剖面形态，即棱块结构面被覆灰色胶膜；土内孔隙布满铁锰斑纹，改变了天然的地质大循环和生物小循环的原有方向，使原有土壤朝着一个特殊的方向发展。经过这种本质的变化，最后成为水稻土。下图是太湖地区农民给稻田施用草塘泥的情景，在这里这种培育和耕种的历史已有数千年之久。

我国是水稻的原产地之一，也是世界上栽培水稻历史最长久的国家。现今两广、云南、台湾仍有野生稻种。据历史记载和文物考证，我国种稻始于6000多年前的神农时代的新石器时期，扩展于4000多

太湖地区农民给稻田施用草塘泥的培育情景

相关链接

农业八字宪法，是指毛泽东根据我国农民群众的实践经验和科学技术成果，于1958年提出来的农业八项增产技术措施。即：

土　深耕、改良土壤、土壤普查和土地规划；

肥　合理施肥；

水　兴修水利和合理用水；

种　培育和推广良种；

密　合理密植；

保　植物保护、防治病虫害；

管　田间管理；

工　工具改革。

因地制宜地采取这些措施，对农作物稳产高产是很有效的，因而简称为"八字宪法"。从历史上看，我国农作物的单位面积产量很低，受水、肥、土、种等自然因素的影响很大。提出"八字宪法"正是希望改善不利于农业发展的自然环境，确保农作物稳产高产。按照"八字宪法"的要求，通过改良土壤，合理施肥，兴修水利，推广良种，改良工具和精细的田间管理等，促进农业增产，这本身是正确的；即使在今天，这些措施对于实现农作物高产仍然具有重要意义。

年前的禹稷时代，到公元前十一世纪的周代，奠定了水稻栽培的基础，《论语》中就有"食夫稻"的记载。

稻田的土壤统称水稻土，多呈青色。它种类繁多，是劳动人民在平原开河修渠、在山丘修筑梯田，逐年开拓，并通过灌溉、耕作、施肥精心培育而成的。水稻土一般都能旱涝保收，稳产高产。长江流域是我国栽培水稻最早的地区。距今7000多年的河姆渡稻作文化遗址，位于宁绍平原的沃野，江南先民即在太湖流域肥沃的土地上掀起了一场生物学界所称的新石器时代绿色革命。荆楚地区新石器遗址中也发现有原始农业的稻谷遗存。特别是春秋晚期发明的冶铁技术，为农业生产工具的改进和普遍应用创造了良好条件，开发南方那生硬而丰沃的土壤，使之适宜于农田耕作，种植水稻，熟化、肥化了土壤。这样，人工与自然相结合的"水稻土"就成为高度肥沃的南国佳壤，也是长江流域最重要的土壤资源。

过去历史上总是讲中华文明历史发源于黄河流域，这是毋庸置疑的。但是近几十年来的考古发掘和考证为之做出了重要的补充，远古时期，在长江中下游，在巴楚之地，在现今的内蒙古、青海诸地以至辽阔的华夏大地许多地方，都已显露出中华文明的曙光。它们不仅拓宽了对中华文明起源认识的空间，也推延了文明源头的时间。

水稻土分布极广，凡气候适宜，又有水源可资灌溉的地方，无论何种土壤均可经由种植水稻而形成。水稻土水平分布的幅度可以从炎热的赤道延伸至高纬度的寒冷地区（北纬53°至南纬40°），横跨几个热量带；其垂直分布可从平原、丘陵、山地直至高达2600米的高原；主要分布在北纬35°至南纬23°，其中以亚洲为最多。全世界水稻土的总面积约有1.3亿公顷，中国约0.25亿公顷。中国水稻土有90％以上分布在秦岭—淮河一线以南地区，集中于长江下游平原、四川盆地、珠江三角洲和台湾西部平原。

江南大地气候温暖，雨量充沛，河流交错，湖泊众多，鱼塘水库星罗棋布，农业生产条件十分优越。无论是沃野千里的长江三角洲和珠江三角洲，还是水网密布的洞庭湖平原、鄱阳湖平原，都有富庶的稻田。即使在中山缓坡有水源灌溉的山坡上，经过修筑梯田，也能造就种植水稻的稻田土。这里的水稻土多由黄棕壤、红壤等土壤发育而成的，物理性质良好，养分丰富。水稻土在长期淹水耕作下，除表面极薄的氧化层外，整个耕作层处于还原状态，有机质含量高，保水、保肥性能好。此外，在江河湖泊的冲积物和沉积物上发育而成的潮土，土层深厚肥沃，一般也已改造成为水稻土。

水稻土

南方丘陵区多水塘农业景观

水稻高产要求的土壤条件：

1. 良好的土体构型。一般要求其耕作层超过 20 厘米，因为水稻的根系 80% 集中于耕作层；其次是有良好发育的犁底层，厚 5～7 厘米，以利托水托肥；心土层应该垂直节理明显，利于水分下渗和处于氧化状态；地下水位 80～100 厘米以下为宜，保证土体的浸润和通气。

2. 适量的有机质和较高的土壤养分含量。一般土壤有机质以 20～50 克／千克为宜，过高或过低均不利于水稻发育。土壤供应了水稻发育所需氮的 59%～84%、磷的 58%～83% 以及全部的钾，因此，肥沃的水稻土必须有较高的养分贮量和供应强度。前者决定于土壤的养分，特别是有机质的含量；后者取决于土壤的通气和氧化程度。

3. 适当的渗漏量和适宜的地下水位。俗语说"漏水不漏稻"，即是说水稻土必须有适当的渗漏量，如日渗漏量在北方水稻土宜为 10 毫米／日左右。

红壤

热带、亚热带湿润气候条件下的土壤，由于氧化铁含量高，颜色多呈红色，故称为红壤。红壤在我国分布甚广，以广东、广西、福建、台湾、湖南、江西、浙江、贵州、云南等省区最多。在气候温暖，雨量充沛的湘江、赣江沿线丘陵、阶地区分布最为集中，因而有江南红壤丘陵区之称。

红壤是我国重要的土壤资源，不仅能出产粮食作物和经济作物，而且是亚热带经济林木、果树的重要生产地。它是我国的一块宝地，那里光、热、水及生物资源丰富，是土地生产潜力最高的地区，又是许多名优特农产品的重要产区，在全国占有非常重要的地位。

红壤的土地资源质量表现为：平原地区肥力较高，土地利用效果好，种植业生产达到一年两熟甚至三熟；

江西的红壤被开垦为农田

相关链接

阶地是指地壳上升而形成不同高度的、沿河流两岸、湖滨和海滨延伸的阶梯状地貌，是水流下切侵蚀和堆积作用交替而成。阶地上既可能良好地发育有土壤，也有可能产出砂矿。

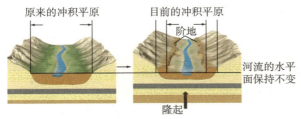

原来的冲积平原　目前的冲积平原

阶地

河流的水平面保持不变

隆起

阶地形成示意图

丘陵地区次之，土地利用效果较好，土地复种指数高，多为一年两熟；山区土地肥力较低，限于气候和地力条件，种植业生产效果欠佳。

南方红壤区大致可分为三大类：第一类地区位于水陆交通要道，人口密集，离商业繁华城镇较近，贸易方便，信息灵通，如长江中下游、东南沿海等地势平坦和浅丘地区；第二类地区人口稠密，有较长耕作历史，交通运输较为方便，但不靠商业繁华城镇，贸易、信息较为灵便，如湖南南部、广东北部、福建等丘陵地区；第三类地区人烟稀少，坡陡地瘦，远离城镇，交通运输不便，贸易不发达，信息闭塞，如乌蒙山区、赣南山区和武陵山区等。由于长期以来对土地资源不合理的开发与利用，致使生态与环境破坏所引起的农业滞后和土地退化，成为第三类地区经济发展最大的制约因素。

我国红壤地区水热资源丰富，但降雨分布不均，伏秋季节性干旱频发，影响区域农业的发展和红壤生产潜力的发挥。目前，红壤旱地一般只种植一季作物，江西主要种花生，从8月上旬至次年4月初，基本处于闲置状态。如果增播二季秋冬作物，将会有效利用秋冬季光热资源，增加粮食产能。有科学家正在试验选择适宜南方红壤区的秋种作物种类，探索宜种作物在高温干旱下的丰产技术，提高光热能资源利用效率。

历史上的云南始终被称为红土高原，这是由于其境内广布红土。云南各族儿女常用"红土故乡"来形容自己的家园，表现出他们对红土地的眷

色彩斑斓的东川红土地映画（下面一张为麻少玉摄）

恋。云南东川的红土地被专家认为是全世界除巴西里约热内卢外最有气势的红土地，景象比巴西红土地更为壮美。近几年来，这里已吸引了众多的旅游爱好者，成为中外摄影家捕捉最美镜头的发烧友级摄影胜地。层层叠叠的梯田里，火红的土壤上，一年四季洋麦花、荞子花、油菜花和萝卜花交替开放，色彩斑斓炫目，鲜艳浓烈的色块一直铺向天的尽头；绿绿的油菜，碧蓝的天空以及金黄的麦浪，构成让人惊叹的奇景。每年的 9～12 月是欣赏红土地的最佳季节。

由于人多地少，过度开发，加上土壤本身的特性，红壤区的土壤生产力低下，水土流失严重，并在不少地区严重退化，形成"红色荒漠化"。具

相关链接

红色荒漠再现。

红色的荒山秃岭曾经山清水秀，而今地上河现象竟在这里出现。耸立于福建、江西两省交界处的武夷山绵延 500 多千米，其南段福建省一侧的长汀县有韩江支流汀江流过县城。离县城 22 千米的河田镇，曾经是一个山清水秀的好地方。这个原名柳村的地方在清道光、咸丰年间，森林茂密，柳竹成荫，河深水清，舟楫畅行。然而，现在的河田镇却是被切割得支离破碎的光山秃岭，一片红色荒漠景观。植被曾遭到两次毁灭性破坏：1912—1916 年，由于封建宗派的林权纠纷，两次大规模的抢伐林木，使苍翠山岭变成灌草劣地；1934 年红军北上，国民党军队大量砍伐林木充作军资，使植被遭到彻底破坏。两次大浩劫，使苍翠山岭荡然无存，留下了一片红色荒漠。

二十世纪五十年代至八十年代初，当地水蚀荒漠化愈发严重。八十年代中期以来，虽治理力度加大，但有限的资金只能使一些示范区得到治理。速生的 16 年树龄的马尾松仅高 20 多米，被当地人称为"小老头树"。严重的水土流失，使大量泥沙冲入河道和水库，致使河床抬高，水库淤积，有的地方出现河比田高的悬空河。如此的景象真让我们不敢相信：在华北地区比较常见的地上河，居然在年降水量 1700 毫米的地区出现。

不一样的红土地——红色荒漠

体表现在植被退化、土壤退化、地表状况恶化三个方面，并通过人地矛盾进一步扩大、生态环境恶化、地区贫困加剧，从经济、生态和社会三个方面影响江南丘陵地区的可持续发展。红色荒漠化特指我国南方红色丘陵区因流水作用导致的具类似荒漠景观的土地退化现象。

干旱土

干旱土是指发育在干旱水分条件下具有干旱表层和任一表下层的土壤，相当于土壤发生学分类中的棕钙土、灰钙土、高山及亚高山草原土、灰棕漠土、棕漠土。广泛分布于世界干旱—半干旱地区。中国在年降水量小于350毫米地区广为发育。植被为旱生丛生禾草，旱生和超旱生小半灌木及灌木，覆盖度1%～5%，干旱程度愈高的地区植被愈稀疏，总生物量随降水量的减少而降低。

新疆全境和甘肃河西走廊及其北部，是极其干旱的荒漠地区。这里地势高，切割深，群山环抱，重峦叠嶂；天山、昆仑山、祁连山绵延千里。在山前地带，细土大多被风刮走，只剩下砾石，通常被称为戈壁滩；离山远的地方则是沙漠。戈壁滩与沙漠之间，有颗粒较细的土壤，多为灰棕色的灰漠土、灰棕漠土和棕漠土等。

千百年来，西北人民在戈壁滩与沙漠之间的河流两岸引水灌溉，发展农业，形成了荒漠中的绿洲，被誉为"塞外江南"。绿洲上的土壤曾被命名为"绿洲土"，现已改称灌淤土。

干旱区降水少，如果塔里木盆地年降水量仅20～70毫米，难以满足农作物生长需要，小麦生长期间的降水量仅占需水量的3%；天山北麓乌苏和乌鲁木齐降水较多，也仅占小麦生长需水量的20%～30%。因此，干旱

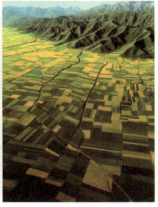

祁连山下的农田

绿洲风光

土壤资源的开发，灌溉水源是前提，水资源的开发决定着干旱区开发建设的规模。至于高寒干旱区，除降水不足之外，还深受热量因素的钳制，加上严重缺氧，迄今仍为人迹罕至的无人区，尚难大规模开发利用。

此外，在供水不足的情况下，干旱土壤极易引发沙漠化。"有水变绿洲，无水成沙漠。"我国最长的内陆河塔里木河，全长 2179 千米，由于中上游不恰当地大量用水，塔里木河流程已缩短 340 千米，下游的阿拉干一带因而断流；地下水位在 20 年间（1959—1979 年）下降了 4～6 米，导致林区 6.3 万公顷胡杨林 1/3 死亡，2/3 枯萎，林区流沙面积增加了 48.4％。柴达木盆地自然植被不断遭受破坏，至 1986 年，全盆地天然林由 4730 多公顷减少到 1000 公顷，原有 200 多万公顷固沙植被已毁 1/3 以上，使活动沙丘每年以 5～12 米速度向前推进。

衣食之源

额济纳地区的胡杨林

一位村民骑自行车经过敦煌市杨家桥乡一个风沙口

紫色土

　　紫色土以其特有的紫色而得名，这种颜色是继承并保持了岩石与母质的特征。紫色岩石经成土过程而很少改变颜色，就是在成土之后，也往往较长时期保留原有的紫色。紫色土是紫红色岩层（主要为砂岩、页岩）就地风化形成的岩性土，属初育土范畴。主要分布于四川盆地及周边的低山丘陵和湘、赣、浙、皖的红色丘陵盆地中。其中四川盆地紫色土面积占盆地总面积的65.5%，是全国紫色土分布最集中的地区。这种土壤是由侏罗纪、

　　吐鲁番有首歌唱道:"坎儿井的流水清,葡萄园的歌儿多……"炎炎夏日下,站在流淌清澈坎儿井水的出水口,清凉、舒适的感觉一定会让您格外满足,您也一定会疑问与长城、大运河并称为中国古代"三大工程奇观"的坎儿井为什么会在吐鲁番出现,还发展得如此广泛?

　　坎儿井在吐鲁番盆地大量兴建的原因,与当地的自然地理条件分不开。因为这里是中国极端干旱地区之一,年降水量只有16毫米,而蒸发量可达3000毫米,称得上是中国的"干极"。但坎儿井是在地下暗渠输水,不受季节和风沙的影响,蒸发量小,流量稳定,可以常年自流灌溉。

坎儿井工程示意图

　　坎儿井有着生生不息、源远流长的发展历史。吐鲁番现存的坎儿井多为清代以来陆续兴建。据史料记载,由于清政府的倡导和屯垦措施得当,坎儿井才有了大发展。当年林则徐途经吐鲁番,见到了坎儿井,便在他的日记中赞曰:"见沿途多土坑,询其名曰'卡井',能引水横流者,由南而北,渐引渐高,水从土中穿穴而行,诚不可思议之事!"正是因为有了这独特的地下水利工程,把地下水引向地面,灌溉盆地数十万亩葡萄园,才孕育了吐鲁番各族人民,使昔日的沙漠变成了如今的绿洲。至今,具有自然、生态、人文三种意义的坎儿井,深受各族人民喜爱,很多坎儿井在现代化建设中依然发挥着生命之泉的特殊作用。

坎儿井博物馆

相关链接

　　白垩纪是地球历史上气温最高的一个地质历史时期。我国广布有巨厚的陆相红色砂岩和页岩的白垩纪地层；这些砂岩和页岩是红壤和紫色土的母岩。

　　白垩纪紫色砂岩、泥岩形成的紫色或紫红色砂岩、页岩成土而来的，据说其紫色可以保留很久而不褪色；而土壤中的紫色大都富含钙质（碳酸钙）和磷、钾等营养元素，很是肥沃。紫色土因岩石易被风化崩解，成土迅速，水土流失也快，但崩解后形成的土壤中有不少岩石碎屑，因此土的质地多属"砂质土"。农民形象地称呼其为"石谷（骨）子土"，意思是它由"石骨"所构成，"石骨"可以化解成泥质，而且，化解不仅是靠水，还要靠"冬季翻耕炕土"，意味着页岩碎屑需要进一步的机械风化才能释放出黏粒与粉沙。农民这种对紫色页岩成土过程形象生动的认识有助于对土壤的改造。

　　紫色土的抗旱能力弱与水土流失有关，因此改良紫色土的关键在于搞好水土保持，在利用土地时应结合保土防蚀措施，选择适合坡地挖建蓄水池，解决旱地农业灌溉用水。江水滔滔，终年不息，田野葱翠，与紫色的土壤相映生辉，分外妖娆；土地肥沃，物产丰盛，四川被称为"天府之国"是理所当然的，紫色土功不可没。

川中丘陵——潼南

寒地黑土

　　黑土乃指有机物质平均含量达 3%～10% 的土壤，是一种特别有利于水稻、小麦、大豆、玉米等农作物生长的特殊土壤。每形成1厘米厚黑土需时200～400年，而北大荒的黑土厚度则有1米，以至于可以达到"捏把黑土冒油花，插双筷子也发芽"的程度。这是因为黑土地的有机质含量高，土壤团粒结构好，土壤中含大量微小孔隙，牢牢锁住大量空气、水和养分。这些土壤含水量高，经阳光反射显得亮晶晶的，仿佛抹了一层油似的，黑土地的肥沃之称也因之而来。它富含作物生长必需的有机质，含量高达

东北平原黑土地

5%～8%，甚至10%以上，是黄土的10倍！而特殊的团粒结构使黑土层有如天然的土壤水库，旱能蓄，涝能排，为作物生长必需的水分提供了双保险。

　　黑土是我国极其珍贵的土地资源，也是不可再生的资源。黑土带是我国玉米的核心产区，也是重要的肉、乳生产地，是我国重要的商品粮生产基地和畜牧产品的生产大户，可以说黑土地是中国重要的"米袋子""奶瓶

东三省黑土地滋养出的绿色农田（黑龙江三江平原）

子"和"肉铺子"。在这块黑土地上，有著名的国际重要湿地扎龙、向海，还有国家自然保护区查干湖、莫莫格，是生物多样性的家园，生态上具有特别重要的地位。

经过几百年的开垦，中国黑土资源出现了明显的退化现象，严重威胁土地安全和粮食安全。近年来，这片米粮仓的土地上发生了大面积坡耕地的黑土层流失和水土流失中形成的侵蚀沟，由此带来的不仅是黑土资源的流失，也引发了严重的环境生态问题，甚至社会问题，如农牧民赖以生存的土地资源和收入问题。严重的水土流失正使肥沃的东北黑土地变得又"薄"又"黄"。专家警告，如果再不抓紧防治，"黑土地"也许将成为书本上的一个历史名词。因为目前黑土层正在以每年近1厘米的速度流失，每年流失掉的黑土总量达1亿~2亿立方米。光是跑掉的氮、磷、钾养分就相当于数百万吨化肥。土壤中有机物质含量比开垦前下降近2/3，板结和盐碱化现象日益严重。黑土的流失与黄土不同，黄土高原只是把土层流薄了，但还能长庄稼，而黑土一旦流失光，将寸草不生。

黑土是地球上最珍贵的土壤资源，它具有质地疏松、肥力高、供肥能力强的特点。就黑土理化特点而言，具有"土中之王"的美誉。世界上仅有三大块黑土地，除了中国东北的黑土，另有两块分别在乌克兰大平原和美国密西西比河流域。在开发过程中这些黑土也曾经受过水土流失的严峻考验。这两大块黑土地的面积分别为190万平方千米和120万平方千米；它们与我国东北黑土地一样，都分布在四季分明的寒温带，由于植被茂盛，冬季寒冷，大量枯枝落叶难以腐化、分解，历经千百年形成了富含腐殖质的黑土层，是肥力最高、最适宜农耕的土地，成为世界三大重要的粮食生产基地。

正在流失的黑土

与东北黑土地有所不同，乌克兰大平原和美国密西西比河流域的地势平坦，坡地较少，土壤主要受到风的侵蚀。在二十世纪二三十年代，由于过度毁草开荒、破坏地表植被，引发了严重的水土流失，相继发生了破坏性极强的"黑风暴"。1928年，黑风暴席卷整个乌克兰，一些地方的土层被"削去"了5~12厘米，最严重的达20多厘米。美国在1934年的一场黑风暴中被卷走3亿立方米的黑土，当年小麦减产51亿千克，令举国震惊。为保护黑土地免受侵害，他们投入了大量人力、物力和财力，围绕合理规划土地和建立科学耕作制度等开展研究，大举营造农田防护林，采取保土轮作、套种、少耕、免耕等办法，充分发挥耕作措施与林业措施相结合的群体防护作用，经过40年的治理已见成效。

黄土

中国黄土高原分布于北纬34°~40°，总面积64.62万平方千米，黄河贯穿其中。而在同一纬度，欧洲和北美的黄土地带构成全球的小麦和玉米带，西方人称之为"面包篮子"。黄土结构松软，容易耕作，而且非常肥沃，有利于植物生长。在生产力不发达的时代，地理条件对发展文明有着重要的影响。黄土的特性使中国黄土高原上诞生了与尼罗河、印度河和两河流域不同的旱作农业，支持着一个独具特色的古代文明。地质学家和考古学家在黄土区域内发现了非常密集的古代居民聚居点，例如，旧时器时代的蓝田人、丁村人以及新石器时代的仰韶文化遗迹。5000多年来，农耕文明在这里迅猛发展，华夏民族在这里创造了灿烂的文化。

黄土高原是由黄土构成的。什么是黄土？形象地说，黄土就像人们常见的、发生在我们身边的"沙尘暴"的产物。沙尘暴的物质成分与黄土似无二致。黄土是一种风成沉积，主要由粒径为0.01~0.05毫米的粉砂级颗粒组成，成分为石英（约占60%）、长石、云母等和少量重矿物，含碳酸钙7%~30%。

中国人对黄土最为熟悉，"面朝黄土背朝天"就说出了传统农业劳作的艰辛。黄土高原占据了中国耕地面积的1/5，养活了全国1/5以上的人口。有专家认为，西北黄土区是世界上土壤资源最富集的地区，黄土是结构最好、性质优越、富含植物生长所需的各式营养盐类的中国最肥沃的"土壤"。

相关链接

　　黄土高原地形极为破碎，主要由塬、梁、峁三种类型组成。塬的四周虽然被流水强烈切割，但顶面广阔、地表平缓，保持着原始的平坦面。塬是良好的耕作区。陇东的董志塬和陕北的洛川塬最为著名。峁是顶部浑圆、斜坡陡峻的丘陵。

　　下图展示了"黄河百害，唯富一套"的宁夏"塞外江南"。

宁夏南部满目葱茏的黄土高原

隆德县温堡乡新庄村层层梯田环绕村庄

　　只要有水，黄土便是肥沃的"土壤"。黄土具有生长品质优良农作物的性质和重要的开发利用价值，黄土高原是认识中国五谷杂粮最好的"天然教室"。

　　黄土土质疏松绵软，容易翻耕，人们常称之为"绵黄土""绵沙土"和"黄绵土"。然而，黄土的松软也是它的弱点，使它容易被侵蚀，容易流失，致使黄土高原千沟万壑。黄土高原的农业经营都是采用承传自秦汉以来的粗放的"广种薄收"方式，以扩大种植面积来增产粮食，导致严重环境破坏的恶性循环。黄土高原降水时空分布不均，造成严重的缺水，黄土高原丘陵地饮用水靠雨水。农民俗谚有："三天无雨苗发黄，下点急雨土冲光，山洪暴发遭大殃。"严重的水土流失造成每年黄河输出的泥沙达 16 亿吨，是尼罗河的 30 倍，密西西比河的 90 倍，成为千百年来黄河的泥沙和水患的痼疾沉疴。

喀斯特"碗碗土"

我国岩溶面积占全国土地面积的 1/3，集中分布在以贵州为中心的西南山区。碳酸盐岩的差异性溶蚀，造成了大面积喀斯特区域镶嵌着非碳酸盐岩景观，溶蚀丘陵、峰林盆地、峰林谷地、峰丛洼地、峰丛峡谷交错分布，在地表表现为土壤逐渐向裂隙、溶洼的退缩，附近的基岩逐渐暴露，土被不完整，土壤多留存于石沟、缝、槽中，土层厚薄不一。当地称这种土为"碗碗土"或"旮旯土"。

在自然状态条件，石灰土土层薄，但有机质含量、土壤肥力水平较高，有机质结构稳定、土壤肥力持久，团粒结构良好。由于碳酸盐岩石组成分中，可溶性组分占绝对多数，因此，碳酸盐岩石风化形成土壤的速度缓慢，土壤总量太少，土地贫瘠。在黔中岩溶地区，石灰岩间一抔毛巾大小的土，也会被种上几棵蚕豆、油菜，甚或几兜红薯、苞谷。

石灰质基岩的溶蚀作用剧烈，而成土量极低，很难弥补因水土流失而造成的损失。在喀斯特山区，原生土壤一旦流失，要在自然状况下重新形成新的土层，需要漫长的岁月。这乃是喀斯特山区石漠化荒漠景观的原因所在。

相关链接

喀斯特是个舶来名词，"原产地"在斯洛文尼亚；岩溶是我国科学家对喀斯特的称呼，即为大面积碳酸盐岩裸露的地貌景观。方解石和白云石组成的碳酸盐类岩石易溶于含多量二氧化碳水，极少残留能成土的沙质和泥质，因而这些地区土层薄，土壤总量少。

喀斯特坡地碗碗土

贵州省花江峡谷

　　成土过程的不可逆性是喀斯特山区生态系统的脆弱环节，因而"惜土如金"是维护当地生态安全的金科玉律。岩溶区陡坡开荒、森林破坏将导致严重的水土流失，发展经济等过多占用土壤资源使少而又少的岩溶土壤数量更加"囊中羞涩"。因此，有效减少岩溶土壤水土流失、合理防治岩溶土壤退化、减少土壤占用等可以有效地促进区域经济的发展。将"皮之不存，毛将焉附"这一句中国古代名言应用到喀斯特土壤的可持续利用上非常贴切。

　　有一个让人心酸的故事，说的是一个贵州山民一早到山上去整地种玉米，傍晚时分，他整好地，数了数，发现少了两块地。这时太阳快下山了，天一黑，回家的山路就很不好走，于是很不高兴拿起脱在旁边的衣服准备回家，突然他的脸上露出了笑容：不见的两块地找到了，原来是被这件衣服盖住了。

这可能是一个笑话，但它告诉我们，这里的地都在山上，每块地的面积很小，甚至极小；土地贫瘠，庄稼的产量很低，需要到离家较远的山坡开垦很多地才能满足需求，每一块土地哪怕再小也牵动着他们的心。当地百姓对这种生活方式已经习以为常了。他们常用民谣来表达自己对现状的无奈，这些民谣是这样描述的："乱石旮旯地，牛都进不去。春耕一大坡，秋收几小箩""一碗泥巴一碗饭"说的是这里的石多、地小、收成差；"天无三日晴，地无三尺平，人无三分银"说的是这里的雨多、地陡、人穷；"土在楼上，水在楼下""十天不下雨即干旱，一场大雨又成灾"说的是这里的地土层薄，存不住水，常常刚刚排完涝，还没歇过气，几天不下雨，地又干裂了，赶紧抗旱吧！

名优土特产

如果一个地区的气候（降雨量、光照、积温等）、人工投入（育种、施肥、耕作、除病虫害）、自然补偿（枯枝落叶还土）等基本相同，按理同种植物的产量和质量也应基本相同。但是却在有些地块优质高产，另一些地块，甚至毗邻的地块却是劣质低产。人们把优质高产者称优势作物，若产品还具某种特别风味，就称"名优特产"或"土特产"。

名优特产与土

在气候、人工投入、自然补偿基本相同的条件下有"名优特产"显然另有原因。我们的祖先早对其有所论述，例如指出有些作为"贡品"的农作物就是"择土而生，隔界不长"。又如中药有"道地药材"。所谓道地药材，历代《本草》称之"凡用药必须择州土所宜者，则药力具，用之有据"，以致现在人们要用天麻入药，选贵州所产最优，人参则择长白山参，三七唯云南产为首选，枸杞则选宁夏中宁所产，等等。这就是说，名、优、特农作物与种植区的土壤有很大的关系，当地的土壤则与岩石（成土母岩）有关。

任何一种植物对其生长的环境（包括地质环境）都是有选择性的，这恰如"一方水土养一方人"。我国地域辽阔，地质环境多种多样，一些特殊的地质环境已构成了特殊的资源。久负盛名的云烟为什么色泽鲜亮，气香味好？为什么重庆涪陵地区生长的榨菜鲜、香、嫩、脆，味美可口？为什么浙江玉环柚和广西沙田柚味美质佳？二十世纪八九十年代，土壤地质工作者通过对这些地区地质土壤背景的研究分析，终于得到了答案。河南省的科研人员通过对该省优质烟叶产地的地质背景和环境研究，提出烟草西移规划，一举使卢氏县成为全国闻名的优质烟叶生产基地。有了这些有益的尝试和明显的效果，现在在地球化学学科中已经产生了一门颇有经济效益的分支学科——农业地球化学。

地质工作者发现在云烟产区，当地岩石中钾含量高的烟叶质量好，山上有宜种烟叶的地层出露，最适宜优质烟叶的种植。因此，划分出这些元古代昆阳群地层为最适宜烟草种植区。重庆的科研人员已探讨了榨菜菜头喜钙又忌高钙，并厚爱磷、钾、硫、镁和多种微量元素的特性，而渝中长江河谷一带的侏罗系下沙溪庙组和永宁组的砂质泥岩、钙泥质粉砂岩地层，正好具有这些特性，因而成为涪陵榨菜生长的"乐土"。

通过对浙江玉环柚产地的岩层和树叶的地球化学特征的研究，发现土壤缺磷会导致柚子低产。地质工作者研制出了高磷低钾的酸性复合肥料给柚树根补肥，结果使柚子增产140%。久负盛名的浙江黄岩柑橘主要分布在火山岩残积层，浙江萧山的青梅和大头菜也对区内不同地段的地块各有所好。北京郊区（县）石英二长岩风化地区的酸性土壤最适宜板栗的生长。四川省境内最适宜种棉的是侏罗系蓬莱组砂岩、泥岩风化而成的土壤分布区。据此在压缩棉田40%的基础上，四川省连续三年获得高产，棉花总产量翻了一番。通过对黑龙江省土壤中微量元素与农作物关系的研究发现，钼、钴元素对大豆的产量和品质有重大影响，对小麦、水稻、甜菜等产量也有大的影响，从而确定了农作物生长的适宜区。事实表明，科学研究有助于名优特产品的品质改良和规划推广。

近二三十年来兴起的农业地质－地球化学将"岩石—土壤、（地下）水—

中国涪陵榨菜与德国甜酸甘蓝、欧洲酸黄瓜并称为世界三大名腌菜。

涪陵榨菜以其状似碧玉、红如玛瑙的形态，鲜、香、嫩、脆的特殊风味，营养丰富、方便可口和耐储存耐烹调的优点，吊足了食客们的胃口，成为中国出口的三大名菜（榨菜、薇菜、竹笋）之一。涪陵因而被誉为中国的榨菜之乡。其貌不扬的青菜头由于它本身的质地和深藏的文化内涵，而使其成为涪陵榨菜唯一的原料。

传说涪陵长江边有个叫告花岩的地方住着邱田、黄彩夫妇。他们用青菜头做成的五香咸菜十分爽口。当地一富户殷实郎欲办生日酒，限令他们10天内做出120大碗五香菜。这可不是十天半月就能完成的事。夫妇俩为此一宿未睡。天亮时黄彩忽然想起用口袋榨干汤圆粉浆水分的方法榨去咸菜的水分，数次试验终获成功，从此腌菜成了"榨菜"。这虽是一段传说，却反映了农村妇女的勤劳与智慧，丰富了食文化的内涵。

上等涪陵榨菜的原料青菜头具有菜头大小适中、脆绵适度、水分适量、味清香而微甘和不苦不涩的特点；这都与土壤、气候有关。盛产优质菜头的涪陵地区的平坝、河谷、浅丘地带是由侏罗系下沙溪庙组岩石风化而成的紫色土，土中富含磷、钾、硫、镁和多种微量元素。

榨菜之乡——涪陵

这是地质条件使然。据说二十世纪三十年代以来，四川、浙江、湖北、江西、福建、江苏、安徽和河南等地纷纷大面积引种青菜头，可是所产青菜头的瘤状茎很小，或者成了空心菜，或者变成莴笋似的直茎，口味不嫩不脆，绵而多筋。原来是青菜头在这些地方"水土不服"呢！只有涪陵所产的青菜头才是独一无二的榨菜原料，其中原因无异于"一方水土养一方人"的道理。

衣食之源

作（植）物"的关系作为主要研究内容，认识到名优特农作物与产地的农业地质－地球化学背景的关系。地质背景主要指岩石、矿物、地貌、地下水等及其组合特征，地球化学则是指在这种特定的地质环境中元素的含量、相对比率、组合元素、分配和运移与土壤、农产品的关系。湖南是全国著名的产茶区，其产量和面积均居前列。湖南的茶叶主要栽培在浅变质碎屑岩的黄红壤、碳酸岩红壤以及红层紫红色碎屑岩紫色土壤、花岗岩麻沙土壤和第四纪冲积土土壤之中。但质量最好的茶产于前寒武纪浅变质碎屑岩黄红壤区，如获德国莱比锡国际博览会金奖的君山银针和著名的古丈毛尖、碣滩茶、洞庭春等优质名茶都与浅变质岩的土壤和第四纪的红壤有关；碳酸盐岩红壤区的茶叶产量也占有重要地位，但质量平平。获 1978 年"科学大会奖"的乡土品种冰糖柑产在白垩纪的紫红色砂砾岩衍生的紫色土上；江永香柚、安江香柚、慈利金香柚、张家界菊花芯柚都产于江河洪积和冲积物河滩上；餐桌珍品一枝独秀的邵东黄花菜则出自泥灰岩的红壤，如此等等，不胜枚举。

有趣的是湖南产出的优质烟叶产于三种不同类型的土壤上：桂阳县的中生代红层紫沙土、江华县富含稀土元素的古生代碳酸盐岩红壤和石门县富硒的寒武系下统含石煤岩系黄红壤。可见同一种作物，只要土好，仍有一定的适应性。

"寒地黑土"的农产品

2008 年在北京第六届中国国际农产品交易会的新馆里，第一次出现"寒地黑土"展位，500 余种展品，令人耳目一新。每天展位前总是人头攒动，熙来攘往，或参观，或洽谈，或咨询，或购买，简直成了整个展厅的一匹"黑马"。

"寒地黑土"的农产品为什么这样"火"？答案很简单，就是好吃。为什么好吃？这里大有学问。"寒地黑土"是指全国陆地 9 个一级农业区之首的东北平原，包括黑龙江和吉林两省及辽宁北部和内蒙古东北部地区，这里发展农业的条件得天独厚。第一，从土壤学的角度考量，这里的成土母质与众不同，是恐龙灭绝之后的山前平原的沙砾黏土层，以第四纪更新世的沙砾黏土层分布最广；母质层上部以黏土层为主，厚度达 10～40 米，形成了黑土优良的保水保肥能力。第二，黑土区有草甸、草甸草原和草原三种主要植被类型，植物种类繁多，生长茂盛，覆盖密度极高，大量累积的有机质因高寒而分解缓慢，腐殖质含量高达 4% ~ 10%，是普通红壤、黄壤的几倍，甚至 10 倍。第三，黑土中营养元素大量富集，近代喷发的长白山火山为这一地区带来了大量的钾、纳、钙、镁、磷和众多的微量元素。第四，土壤形态性状良好，有良好的团粒结构，使水、肥、气、热相互协调。

从气候学的角度分析，"寒地黑土"地区的气候独具特色：冬季漫长，严寒而干燥；夏季短促，炎热而多雨；春季多风少雨；秋季凉爽而晴朗。长达五个多月的严冬寒潮强烈而频繁，是我国最寒冷的农区。这些看起来都是劣势，过去黑龙江人常说"无霜期短，一年就一季庄稼"，"死冷寒天，天寒地冻，冬季半年闲"，等等。但是世界在于认识，单向的线性思维改变为多元辩证思维后，思路就大不一样：严冬是黑土形成的必要条件；土地半年闲，恰好避免了过度开发利用，使土地休养生息；严冬杀绝了大量越冬的病虫，减少了病虫害的发生；严冬强烈的冻融作用，成为良好土壤性状的独特因子。夏季日照长，强度大，光合作用好，作物发育快，长势壮，营养积累自然就多。短促的夏季使黑土区增温快，温差大，年内温差高达60℃以上；作物营养成分积累多，消耗少，有利于提高产品品质，成为农产品品质优、味美、口感好的奥妙所在。

从环境学的角度看，"寒地黑土"地区的环境优势独具。一是开发较晚，不少耕地开发历史仅 150 年左右，甚至很多是二十世纪五十年代才开发的，有些仅耕种了三五十年；开发强度低，人为破坏程度就轻。二是一季作物使化学投入品（化肥、农药）相对少一些，化肥和农药的残留物含量低，环境相对洁净。三是区内人口密度小，生活垃圾相对少，农产品安全性好。

稀缺而肥沃的黑土资源、冬寒夏炎的气候特点和相对洁净的环境条件，是寒地黑土的三大优势，使农产品具有安全、营养、适口性强的特点，这就是以镜泊湖大米为代表

2009 年"第三届网络媒体龙江行"时全国网络媒体行记者到达绥化绿之源农业观光园

的粮食产品、以黑木耳为代表的山货、以甜香瓜为代表的瓜果产品和以油豆角为代表的蔬菜产品之所以成为名、特、优产品的内在原因和外在条件。

梯田一瞥

梯田，是人类最伟大的古老文明工程之一，足以与金字塔、空中花园、长城等齐名等观。梯田是在坡地上沿等高线修建的阶台式或波浪式断面的农田。梯田不仅制造出"土地"，也改变了山坡的坡度，拦滞了径流，稳定了土壤，使之成为具有保水、保土、保肥功能的农耕用地。

哈尼梯田

千百年来，面对高山峡谷的生存空间，哈尼人创造总结出一套垦种梯田的丰富经验。他们根据不同的地形、土质修堤筑埂，利用"山有多高，水有多高"的自然条件，把终年不断的山泉溪涧引进梯田。到了初春，形状各异的大小梯田盛满清泉，在明媚的阳光下，山风拂拂，波光粼粼。每到三四月，层层梯田青翠欲滴，宛如一块块绿色壁毯。夏末秋初，稻谷成熟，放眼望去，一片金黄。这简直就是一幅变化奇巧、简朴秀美的水墨画。

哈尼梯田是地形和水文气象因素综合作用的结果，是一个独特的融自然和人文景观为一体的生态过程。当地人经过 1300 多年的实践，借助哀牢山独特的自然环境，在海拔 140 米到 2900 多米的区域内，创造出"森林－村庄－梯田－河流水系"构成的梯田景观生态系统。一座座几十级上百级的梯田，从山脚顺着坡势蜿蜒伸展，最高级数达 3000～5000 级，层层叠叠，直通茫茫云海，蔚为壮观。

哈尼族一般选择在海拔 800～1500 米建村立寨，村寨上方有茂密的原始森林，高山森林之中是人畜饮水、梯田农业用水的水资源储存库。海拔2000 米以上的高山森林终年云雾缭绕，雾水经森林吸纳，在沟谷和平地形

哈尼梯田（右上为麻少玉摄）

成溪泉或池塘，顺着山箐向下流淌，形成无数的小溪。人们拦截来自高山森林区的山泉，除人畜饮用外，又通过条条沟渠将水引入梯田之中。用余之水又流入江河之中，炎热的河谷气候将河水蒸发到高空，再次汇集到高山森林之中，重新形成雾水，如此周而复始地循环……

在唐人的典籍中，就有关于哀牢山哈尼梯田的记载。十二世纪，南宋著名诗人范成大，被《唐书》中的哀牢山梯田所吸引，在游记里这样写道："仰坡岭坂之上，沟壑之间，漫山遍野皆田，层层而上，至顶，名梯田。"作为文学家的范成大无意间竟做了一件载入农学历史的事情：由于他的这篇游记，哈尼人开创的这种新的稻田形式，第一次有了正式的名称。

经历千年的哈尼梯田至今仍在生生不息滋养着数百万哈尼子孙。是什么让哈尼梯田穿越千年风风雨雨，仍在向世人展露它壮阔的容颜呢？因为数个世纪以来，哈尼人小心翼翼地守护着他们的森林和水源，也因此保持了哀牢山自然生态的完整。今天，在"地无三尺平"的哀牢山上，梯田仍然是哈尼人保障生活质量的主要方式。

很难想象，如果没有哈尼人上千年的辛勤耕耘，哈尼梯田怎能像现在这般雄浑壮阔；更难想象，如果没有哈尼人精心守护哀牢山的森林水源，哈尼梯田又怎能历尽千年沧桑，仍旧是一个完整的大山、江河、森林与人等各种生态符号组成的和谐体系。1999 年，联合国教科文组织亚太地区负责人考察了哈尼梯田文化之后，感慨道："我一见到它，魂好像都丢掉了。哈尼梯田简直是人与自然高度和谐的典范。"哈尼梯田文化蕴含的精神实质是感激自然、顺应自然和善待自然。在长期的历史发展中，梯田成了哈尼人赖以生存的物质基地。哈尼梯田的壮观、美丽和梯田建造与维护中的巧夺天工令世人大开眼界，而哈尼人的宗教习俗、乡规民约、民居建筑、节日庆典、服饰歌舞、饮食文化等，也无不以梯田为核心，处处渗透出天人合一的梯田生态文化理念。

哈尼族创造的梯田文化反映了"地无三尺平"的云贵高原在人口重压下向土地转嫁压力的挣扎，是哈尼民族精神的象征。一座变成田的山，是一种顽强崛起与耸立的生命力的显现。无数座变成梯田的群山，便是一方顶天立地的丰碑。人与大自然相比是渺小的、柔弱的，人要与大山展开较量，那就不仅仅是对自然的挑战，那是人的精神和意志的扬天勃发！凭着愚公移山精神和精卫填海的意志，哈尼人一年年、一代代谱写着这首恢宏的自然乐章。

龙胜梯田

在广西龙胜县东南部和平乡境内的平安村，有一个规模宏大的梯田群。全部梯田分布在海拔 300～1100 米，最大坡度达 50°，一层层从山脚盘绕到山顶，层层叠叠，高低错落，行云流水，磅礴壮观，被称为"龙脊梯田"。看一看下面 6 幅龙脊梯田照片，你就能体会出"龙脊"二字叠加在"梯田"之上的韵味。龙胜开山造田的祖先们当初可能没有想到，他们用血汗和生命开出来的梯田，竟变成了如此妩媚潇洒的曲线世界。

龙脊梯田始建于元朝，完工于清初，距今已有 650 多年的历史，是龙胜人民建设家园的智慧和力量的体现。在这梯田的海洋里，最大的一块不过一亩，大多数田块都是只能种一两行禾苗的"带子丘"和"青蛙一跳三块田"的碎块田，因此有"蓑衣盖过田"的说法。由于受水和天气等自然条件的制约，梯田一年只能于芒种前耕种一次。龙脊梯田在全国都有一定名气，中央电视台第四套节目每天开始时的片头影像就有龙脊梯田。法国有一位摄影师为拍摄梯田在龙胜居住了 6 年。

龙脊梯田

苗岭梯田

苗岭以夷平面和大型喀斯特盆地构成的层状地貌最为显著，形成了耕地集中连片的夷平面、盆地区和山坡上高挂的层层梯田等特色景观。贵州黔东南苗族自治州原生态环境保留完好，农耕文化丰富多彩，秋天的农家小园一片丰收景象；苗岭稻谷金黄，梯田层层，风光迷人，给人田园金秋美如画的景色。

作为传统的稻作民族，苗族千百年来就与水田有着深厚的感情，水稻被他们视为植物的"三宝"之首。苗族因地制宜创造了梯田这种独特的农耕文化，那一垄挨着一垄、从山脚一直到山顶的梯田正是这种文化的实证。

---相关链接---

　　步步高的梯田上传来悠扬悦耳的歌声，老乡告诉我，这就是龙胜的瑶族民歌。

龙脊歌

龙脊山高水又长，龙脊梯田美名扬，

最美的壮锦在这里悬挂，最美的景色在这里组装！

层层梯田似弯弯的月亮，层层梯田叠起片片阳光，

层层春绿是写在银河边的诗行，层层秋黄飘来了丰收的芬芳！

幢幢吊脚楼似座座殿堂，双双眼睛闪动淳朴的心窗，

团团火塘燃烧着开拓者的热望，声声唢呐吹来了新娘的嫁妆！

龙脊山高水又长，龙脊风情似画廊，

人间的安康在这里荡漾，天上的吉祥在这里流淌！

　　关于梯田，苗族中有这样一则传说：很久以前，祖先没有田，种不出庄稼，他们吃的是草木、石头、沙子和泥土，后来用角开垦出这一丘丘梯田。所以苗族古歌中谈到始祖姜央开田时说："他到斜坡去挖土，到平地去开田。他用衣袖作撮箕，手指当钉耙，牛角当铁钎。"造出了沿山坡而上的梯田。

　　人们开田时除了考虑阳光、水源等自然因素，还有许多习俗必须遵守。选好开田的地方后，要先在那里燃上三炷香，把香头朝地下摇几摇说："蚯蚓毛虫走远点，凶龙水龙走远点，今天是平定日，今天是好日子，我要挖山砌田了，坚若石，硬若崖，随砌随紧。"

　　这是因为苗族认为万物有灵，随意动土可能会伤及其他生灵，所以要事先请它们让开并原谅，否则造的田可能会坍塌。每块新田竣工前都要在中央留个小土包，称为田心，最后请舅舅或姑父来挖掉；客人来时要带一壶酒、一只鸭和一篮糯米饭，主人家也需备一只鸭，并以酒饭待之，即为竣工典礼。正如《苗族史诗》叙述的："主人拿来一只鸭，客人拿来一壶

贵州黎平和松桃蔚为壮观的苗岭梯田

酒，动手来挖小山包，山包挖好了，田也修好了，宰鸭喝酒来庆贺。"

　　面对一层层的梯田，你也许会问水源从何而来呢？过去贵州黔东南自治州雷公山区原始森林密布，一般年景森林涵养的水源足以灌溉之需要，所以当地才有"山高水高"之说。即使遇上大旱，还可以用水车、连筒把涧水抽上来。清代史籍《苗疆闻见录》中说："苗有取水器曰连筒，以大竹为之，按笋斗合，随山势上下吸取涧水，可逆流至数十丈。"

　　每一条田垄上，大多有一两棵杉树，你可别小看它们的作用。它们既可护堤保坎，又不至于遮阳，夏天耕耘时可挂放饭包，秋收后还能作为堆放稻草的中轴。梯田的田边地角种上豆、麻，既能防止水土流失，又能增加收入，草皮和树叶等也是好肥料。梯田坎上的山棚即为牛圈，由于山路崎岖，田埂狭窄，不便运肥，所以人们就把耕牛放在山上，既便于耕田，又可以就地造粪肥田。大多数梯田中都喂养有鲤鱼，它能吃掉一些杂草，粪便又可养田。薅秧时节，劳作了一天的人们会捉上一两条鱼，篝火把鱼和青辣椒烧熟，加上些盐，鲜美的饭菜让人垂涎三尺。秋收后，腌上几条肥鱼，便是佐餐的上等菜肴。

　　雷公山区的梯田不仅是一种独特农耕文化的载体，更是当地人民赖以生存的物质基础，是人与自然和谐相处的美妙乐章。

湖南紫鹊界梯田

　　紫鹊界梯田位于新化县水车镇，属雪峰山脉奉家山体系，主峰海拔1236米，层层叠叠的梯田以紫鹊界为中心向四周绵延，面积达8万余亩，其中紫鹊界一带集中连片有2万余亩。紫鹊界梯田是南方稻作文化和苗、苗族是最早从事农耕的民族之一。据考证，当年蚩尤为首的九黎部落联盟定居农业生产之际，以黄帝为首的华夏部落联盟还在"过着往来不定迁徙的游牧生活"，可见当时苗族先民比其他部族更先进些。苗族还是南方最早种植水稻的民族之一。

他们有许多诸如"狗取稻种""麻雀偷谷种"等水稻起源的传说故事，有专唱浸泡稻种、稻谷成熟、酿酒、吃饭等涉及水稻种植的诗歌，"苗族古歌"中多次提及种稻。湖北京山县屈家岭文化遗址出土文物表明，尧舜禹时期华夏大地就有了水稻种植十分普遍的苗族先民——三苗部落。

瑶、侗、汉山地渔猎文化交融糅合的历史遗存，是人与自然的伟大杰作。它集云南元阳梯田的博大、广西龙胜梯田的灵秀、菲律宾巴纳韦梯田的伟岸于一体，可称之为"梯田王国"；它的原生态美、形态美、文化美及悠久的历史、独特的品位、天然的自流灌溉系统，堪称湘中旅游板块的黄金品牌。

据地质专家称，这种因基岩裂隙水灌溉系统所形成的奇特现象，可谓天下奇观。充满智慧的当地先民们利用花岗岩风化物的疏松透水等天然优势，合理地引水布局，形成了独特的天然灌溉系统，大旱之年也从没有干涸过。因而从"畲山"开始，这里便能种植水稻并年年获得丰收。当地歌谣云：外面大乱，此地无忧；外面大旱，此地有收。

据考证，紫鹊界梯田起于秦汉，盛于宋元，至今已有2000余年的历史，是当今世界开垦最早的梯田之一。苗、瑶民族是这片梯田的始创者。这片梯田也是多民族历代先民共同创造的伟大成果。当地老百姓介绍说，完好的8万亩梯田分布于紫鹊界的崇山峻岭，无山不有田，在海拔高、坡度陡的山坡上，从500～1200米，共500余级，由龙普梯田、白水梯田和石龙梯田组成梯田系统。坡度一般在25°～40°，最陡的达到50°以上。梯田依山势回旋盘绕，最大的不到1亩，最小的只能插几十蔸禾苗，有"蓑衣丘""斗笠丘"之称，不便使用耕牛和犁耙，更无法运用现代农机耕

衣食之源

105

湖南新化县紫鹊界梯田景观

作，原始的手工耕作方式沿袭至今。这里的梯田线条优美，层次分明，雄伟壮观。茫茫山坡，梯田层层叠叠，整体布局恢宏；密密水田，形状精巧玲珑，小丘似碟，大丘似盆。清澈的泉水在田间潺潺流淌，梯田、水系、村寨、道路、森林配合默契、相互依存，共同构成了良性农业生态系统和独特梯田文化景观。

如今，这种神秘的文化和壮美的形态吸引着海内外游客慕名而来。观紫鹊界梯田，如登天云梯般直冲云霄，令人啧啧赞叹。人们徜徉于田园阡陌之间，看到的是一幅板屋交错、鸡犬相闻，梯田、村寨、森林、流水相互融合依存所构成的流动的现代农耕图；置身于这样的美景之中，仿佛忘记了时间的流逝和空间的转移，心头涌起一股暖流：不虚此行！

陶瓷
——土与火的结晶

陶瓷艺术是"土与火的艺术"。对泥土的热爱和依恋是人的天性，陶瓷制作带你领略泥土的芬芳，找回返璞归真的感觉；泥土在经过火的洗礼后，坯胎和釉色的神奇变化带给你无限的惊喜。伴着你的智慧和灵感，创造"世界独此一件"的艺术作品！古代劳动人民用普普通通的泥巴做成了一件件精美的瓷器，展现了我们祖先的聪明才智和中国古文化的博大精深。

我们为中国灿烂的文明感到骄傲自豪。

陶瓷与土

陶瓷乃宜"水火既济而土合",可谓万物之本;火,焚朽催新,可视自然之魂。土火交融,烧结成器,供人使用,还可观赏,展露着人类创造性的无穷智慧,留存着物态化的人之万般情愫。

何为陶瓷

通俗地讲,用陶土烧制的器皿叫陶器,用瓷土烧制的器皿叫瓷器。陶瓷则是陶器、炻器和瓷器的总称。凡是用陶土和瓷土这两种不同性质的黏土为原料,经过配料、成型、干燥和焙烧等工艺流程制成的器物都可以叫陶瓷。

但是细说起来,陶器与瓷器还是有诸多不同的:陶器胎质粗疏,断面吸水率高。瓷器经过高温焙烧,胎质坚固致密,断面基本不吸水,敲击时会发出铿锵的金属声响;陶器的胎料是普通的黏土,瓷器的胎料则是瓷土,即高岭土;陶胎含铁量一般在3%以上,瓷胎含铁量大多在3%以下;陶器的烧成温度一般在900℃左右,瓷器则需要1300℃的高温才能成器;陶器多不施釉或仅施低温釉,瓷器则多施釉。

上面的区别是很粗略的,因为人们对瓷器的定义还没有一个统一的意见。一般认为,瓷器必须具备以下几个条件:

第一,瓷器的胎料必须是瓷土。瓷土的成分主要是高岭土,并含有长石、石英石和莫来石,含铁量低。经过高温烧成之后,胎色白,透明或半透明,胎体吸水率不足1%或不吸水。

第二,瓷器的胎体必须经过1200~1300℃的高温焙烧。各地瓷土不同,烧成温度也有差异,要以烧结的结果为准。

第三,瓷器表面所施的釉,必须是在高温之下与瓷器一道烧成的玻璃质釉。

第四，瓷器烧成之后，胎体必须坚硬结实，组织细密，叩之能发出清脆悦耳的金属声。

从结构上看，一般陶瓷制品是由结晶物质、玻璃态物质和气泡构成的复杂系统。它们在数量上的变化，对陶瓷的性质起着一定程度的影响。陶瓷的基本成分是硅酸盐矿物，习惯也称"硅酸盐陶瓷"。大量改进硅酸盐陶瓷的试验表明，提高配方中氧化铝的含量，加入纯度较高的人工合成化合物以代替天然原料，能增强陶瓷的强度、耐高温性和其他性能。后来发现，完全不用天然原料或完全不含硅酸盐，也能烧成陶瓷，而且性能甚为优越。使完全由硅酸盐为主体的陶瓷家族发生了变化，出现了崭新的不含硅酸盐成分的现代陶瓷。因此，陶瓷的定义又发生了变化，用现代科学术语来说，陶瓷是天然或人工合成的粉状化合物，经过成形和高温烧结制成的，由金属和非金属元素的无机化合物构成的多晶固体材料。这样方能涵盖传统的硅酸盐陶瓷和现代陶瓷。

陶瓷的种类

陶瓷制品的品种繁多，它们之间的化学成分、矿物组成、物理性质和制造方法常常互相接近，没有明显的界线，而应用上却有很大的区别。因此很难硬性地归纳为几个系统，甚至国际上也还没有一个统一的分类。

常用的有按用途分类和按所用原料及坯体的致密程度分类。

按用途分类可将陶瓷分为日用陶瓷（餐具、茶具、缸、坛、盆、罐、盘、碟、碗等）、艺术（工艺）陶瓷（如花瓶、雕塑品、园林陶瓷、器皿、陈设品等）、工业陶瓷（应用于各种工业的陶瓷制品）。工业陶瓷根据各自的用途又分为建筑－卫生陶瓷（如砖瓦、排水管、面砖、外墙砖和卫生洁具等）、化工（化学）陶瓷（化学工业的耐酸容器、管道、塔、泵、阀以及搪砌反应锅的耐酸砖、灰等）、电瓷（电力工业高／低压输电线路上的绝缘子、电机套管、支柱绝缘子、低压电器和照明用绝缘子、电信和无线电用绝缘子等）、特种陶瓷（高铝氧质瓷、镁石质瓷、钛镁石质瓷、锆英石质瓷、锂质瓷、磁性瓷和金属陶瓷等）。

按所用原料和坯体的致密程度分，可分为粗陶、细陶、炻器、半瓷器和瓷器，它们的原料从粗到精，坯体从粗松多孔逐步到致密，烧结和烧成温度也逐渐从低趋高。

粗陶是最原始最低级的陶瓷器，一般用一种易熔黏土制成。在某些情况下也可以在黏土中加入熟料或砂与之混合，以减少收缩。这些制品的烧成温度变动很大，要根据黏土的杂质性质与含量而定。如气孔率过高，则坯体的抗冻性能不好，过低又不易挂住砂浆，吸水率一般要保持在 $5\% \sim 15\%$。烧成后坯体的颜色取决于黏土中着色氧化物的含量和烧成气氛。我国建筑材料中的青砖，即是用含有 Fe_2O_3 的黄色或红色黏土为原料，在接近止火时用还原焰煅烧，使 Fe_2O_3 还原为 FeO_n 成青色。普通陶器即指土陶盆、罐、缸、瓮和耐火砖等具有多孔性着色坯体的制品。

精陶器坯体吸水率为 $4\% \sim 12\%$，因此渗透性好，不透明，一般白色或带色。精陶按坯体组成的不同，又可分为黏土质、石灰质、长石质、熟料质等四种。黏土质精陶接近普通陶器。石灰质精陶以石灰石为熔剂。长石质精陶又称硬质精陶，以长石为熔剂。精陶是陶器中使用最广的一种。近代很多国家用以大量生产日用餐具（杯、碟、盘等）及卫生陶器以代替价昂的瓷器。熟料精陶是在精陶坯料中加入一定量熟料，目的是减少收缩，避免废品。

炻器在我国古籍上称"石胎瓷"，坯体致密，已完全烧结，这一点已很接近瓷器。但它还没有玻化，吸水率2%以下，坯体不透明。炻器具很高的强度和良好的热稳定性，适用于现代机械化洗涤、冰箱、烤炉。

半瓷器的坯料接近于瓷器坯料，吸水率 $3\% \sim 5\%$，性能不及瓷器，但比精陶好。

瓷器是陶瓷器发展的更高阶段。其特征是坯体已完全烧结，完全玻化，因此很致密，对液体和气体都无渗透性，胎薄，半透明，断面呈贝壳状，硬质瓷性能最好。用作高级日用器皿、电瓷、化学瓷等。

软质瓷的熔剂较多，烧成温度较低，机械强度不及硬质瓷，热稳定性也较低；但透明度高，富于装饰性，多用于制造艺术陈设瓷。熔块瓷与骨灰瓷烧成温度与软质瓷相近，性能也与软质瓷相似；但生产难度较大（坯体的可塑性和干燥强度都很差，烧成时变形严重），成本较高。

特种陶瓷是随着现代电器、无线电、航空、原子能、冶金、机械、化学等工业以及电子计算机、空间技术、新能源开发等尖端科学技术的飞跃发展而发展起来的。其主要原料不再是黏土、长石和石英，有的坯体也使用一些黏土或长石，更多的是用纯氧化物和具特殊性能的原料，制造工艺与性能要求也各不相同。

陶瓷土

陶瓷土的种类

制作陶瓷的主要原料是黏土、长石和石英。最好的黏土为景德镇的高岭土，不过大多数地方的土都能烧制陶瓷，只是产品不同而已。

黏土：黏土是由多种矿物组成的混合物。这种可塑性很强的黏土是陶瓷坯体的首选原料。黏土分为高岭土黏土、黏性土、瘠性黏土和页岩。高岭土黏土最纯，可塑性低，烧后颜色为灰到白色。黏性土的颗粒较细，可塑性好，含杂质较多。瘠性黏土较坚硬，遇水不松散，可塑性差。页岩的性质与瘠性黏土相仿，但杂质较多，烧后呈灰、黄、棕和红等色。

石英：成分为 SiO_2。在高温时发生晶型转变并发生体积膨胀，可以部分抵消坯体烧成时产生的收缩，石英能提高釉面的耐磨性、硬度、透明度和化学稳定性。

长石：是助熔剂，可降低陶瓷制品的烧成温度。它与石英一起在高温熔化后形成的玻璃态物质是釉彩层的主要成分。

滑石：可改善釉层的弹性、热稳定性，加大熔融的温度范围，使坯体中形成湿膨胀小、能防止后期龟裂的含镁玻璃。

硅灰石：硅灰石能明显改善坯体收缩、提高坯体强度和降低烧结温度，还能使釉面不因气体析出而产生釉泡和气孔。

陶瓷土的传说

相传很久以前，景德镇高岭村住着一户姓高的穷汉，夫妻俩租种着地主的几分瘦田。一年到头风里来雨里去，辛辛苦苦打下一点点粮食，几乎全都被地租和高利贷刮走了，只得靠瓜、薯、菜充饥度日，日子过得十分艰苦。

高氏夫妻虽穷，但心地善良，只要听说谁家的锅揭不开，宁愿自己挨饿，也要省下口中的那点瓜薯给人送去。因此，邻近穷苦乡亲都很尊敬他们。

一个北风呼号，雪花纷飞的冬天。一清早，高老汉刚打开屋门，只见屋檐下躺着个衣衫褴褛、几乎被冻僵的白发老头。他忙与老伴将老人抬到床上，把家里仅有的一床破棉絮和一件破棉袄盖在老人身上。高大娘烧好了姜汤，细心地将姜汤一匙一匙地喂给老人。老人终于苏醒了。

老人用手指指口中，意思是说要吃东西。高氏夫妻很为难，家中粒米无存，只有野菜汤，怎能给刚刚复苏的老人吃呢？经过商量，只好到财主家借了一升米。老人喝了粥，精神好多了，下床站了起来，激动地对老两口说："你夫妻俩确是名不虚传的好人啊！"就从衣袋里取出一粒洁白晶莹的小石块，递给高老汉，说道："我这里有一粒小石块，送给你们，可将它种在村后的高岭土上。过七七四十九天，再去挖开山土，那里面有着挖不尽的白玉土，这种土是制瓷的上等料，你们可以将它运到景德镇去卖。"说完，哈哈大笑后不见了人影。

高氏夫妻被眼前所发生的事儿弄得目瞪口呆，都以为遇到神仙了。夫妻俩半信半疑地来到高岭山，挖个深坑将小石块"种"下去。过了七七四十九天，他们又来到高岭山，挥起锄头一挖，奇迹出现了：只见那原来是黄色的泥土，变成了白嫩的玉色土。夫妻俩非常高兴，便急匆匆地走村串户，通知穷乡亲们一同上山挖玉土。大家将土挖出，运到景德镇，果然卖了个好价钱。从此，这一带的穷乡亲们都改行挖土、卖土了，日子也比从前好过起来了。

紫砂陶土最初的发现也有一个传说：据说古时候，有一异僧行经村落，向村人高呼"卖富贵土"。大家以为僧人用癫话诓人，纷纷嗤笑他。僧人不以为怪，又高呼"贵不欲买，买富如何？"于是引导村叟跟他上山，指点黄龙山中蕴藏有一种使人受用不尽的富贵土，言毕而去。村人发掘，果然掘得一种五色缤纷的土，红的、黄的、绿的、青的、紫的……灿烂光亮，奇丽极了。从此，一传十，十传百，鼎蜀山村的村民都来锄白砀、凿黄龙，挖掘这山间的富贵土，开始烧造最早的紫砂壶。

宜兴紫砂，始于北宋，盛于明清，是用当地独有的一种质地细腻、含铁量高的特殊陶土，以传统工艺制成的无釉细陶。制作的茶具、花盆和雕塑品种多样，造型奇特，样式雅致。用紫砂壶泡茶，茶更加醇郁芳香；用紫砂盆种植，则药艳木发，久用似古玉生辉，具有实用和欣赏的功能。宜兴紫砂融文学、书法、绘画和雕刻诸艺术于一体，形成了独具特色的紫砂艺术。在景德镇瓷都之外，又多了一个陶都——宜兴。

陶瓷的产生与演变

我们的祖先对黏土的认识由来已久，早在原始社会的生活中就处处离不开黏土，他们发现被水浸湿后的黏土有黏性和可塑性，晒干后变得坚硬起来。对于火的利用和认识历史也是非常远久的，在205万~70万年前的元谋人时代，原始人类就开始用火了。在漫长的原始生活中，人们发现晒干的泥巴被火烧之后，变得更加结实、坚硬，而且可以防水，于是陶器就随之而生了。

陶瓷的产生

陶器的出现

土与火的结合创造了陶艺，材质奠定了它的品性——这是人类文明发展不可缺少的两样东西。它开始时是灰不溜秋的外表，暗沉而粗糙，经历了唐三彩和青花，一步步走向细腻、艳丽和高贵。

陶瓷，被人们赞誉为"土与火的艺术创造"。自古以来，中国就以巧夺天工的陶瓷技艺名扬天下。中华陶瓷不仅承载厚重的历史文明，而且有着丰富的艺术内涵，它功能上的实用美与造型、色泽上的形式美是统一的。千百年来，它以奇特的造型外观和实用价值一直受到各国人民的喜爱。陶瓷的美首先表现在它的造型上。由于坯型的可塑性，构成了千姿百态的艺术造型，或稳健，或庄重，或柔美，或玲珑，或俏丽，或典雅，或雍容。陶瓷的美还表现在它的色泽上：有纯白如乳，有翠绿晶莹，有青如梅子，有青中泛绿，有黑如乌金，有淡泊如水，也有富丽堂皇，异彩纷呈，争奇斗艳。

古代人类大多依山傍水而居，他们需要寻找汲水、贮水和贮存、蒸煮食物的器具。有人推测，古人为了使枝条编制的器皿耐火和密致无缝而涂上黏土，经过火烧之后，黏土部分很坚硬，进而发现成型的黏土也可以烧制成器，这可能是最原始的陶器。也有人认为，古人是偶然发现用手捏成的器物经火烧之后变得结实了，而且不怕水，因此而发明了陶器。人们很早就知道了土壤加水会有可塑性，加上用火的丰富经验，就为制作陶器准备了条件。另一个条件是要"定居"。因为陶器不易携带，既笨重又容易破损；而陶器的生产又促使定居生活得到巩固。在制陶技术不断发展和提高的基础上，中国人发明了瓷器。

相传在女娲、伏羲之后，中国陆地上有三大族群部落，黄帝所领导的夏族盘踞在甘肃、宁夏一带并靠战争逐渐使陕西、山西成为他的地盘；炎帝所统领的华族聚居在河南、河北、山东、安徽、湖北一带，并经常与盘踞在江苏、浙江、湖南、福建的蚩尤族群发生冲突；正是部落族群间的冲突使得民族逐渐统一。炎帝是火的发明者，他使人类走出了茹毛饮血的时代，在一次与蚩尤部落发生冲突时，与族人分吃了烤熟的羊之后，炎帝就尝试着用泥巴捏成祭品（吉品）的样子去烧。据说这是人类的第一个陶瓷的雏形——烧土器。炎帝在发明陶瓷后，悟出了"禅让"二字的道理，就将部落首领之位禅让给更为优秀的黄帝，从而实现了华夏民族的第一次融合。黄帝进一步融合了蚩尤部落，发明了文字、医学，发展了桑蚕业、种植业和烧土器、木器、石器等加工业。他根据烧土器的特征把它分为五元素即风、火、水、土、木，并分别有主管：管火的祝融、管水的共工、管土的宁封子等。史书上记载那时的烧土器有：废陶投于水中，一夜而化为泥沙。看来，黄帝时代，陶瓷还处于土器时代。黄帝还制定了烧窑的作业指导书——《黄易》，总结堆码砌窑技术即为后人说的"八卦"。

传说炎黄二帝本是同父异母兄弟，他们的父亲叫少典氏。炎帝是一位火神，属火；而黄帝属土。一日兄弟俩不和，反目成仇，因此，各备兵马在如今的河北涿鹿县东南阪泉展开厮杀。这一仗打得是天昏地暗、飞沙走石。双方都有重大伤亡，使得中原血流成河。经打扫战场焚烧双方将士的尸体时，发现地面的泥土经火烧之后坚硬无比。有人把这一奇怪的现象禀告给黄帝，经实地考察，黄帝认为这是上天的恩赐，于是号令部落取土和泥做出各种日常用具，并架柴焚烧。于是精美的陶具从此诞生。这是土与火的融合，是祖先血与肉的结晶，是炎黄二帝智慧的结晶。

神州大地与世界上的文明古国古埃及、古印度及两河流域的先民们不约而同地在长期的实践中发明了陶器，既解决了生活问题，又提供艺术的享受。陶器的发明是人类文明的重要进程，是人类第一次用天然物按照自己的意志创造出来的一种崭新的物器；它揭开了人类利用自然、改造自然的新的一页，是人类生产发展史上的一个里程碑。正如恩格斯所说的那样"野蛮时代的最低级阶段是由制陶术的应用开始的"。

我国已发现距今约 10000 年新石器时代早期的残陶片。河北徐水县南庄头遗址发现的陶器碎片定年为 10800～9700 年前的遗物。此外，在江西万年县、广西桂林甑皮岩、广东英德市青塘等地也发现了距今10000～7000 年的陶器碎片。已发现新石器时代早期的残陶片质地粗糙，厚薄不匀，质松易碎，掺杂有大小不等的石英粒；原料都是就地取土；烧成温度在 700℃左右；由于遗址中没有找到窑炉遗迹，推断是在平地上堆烧的；器型是用盘筑或手工成型的罐、钵之类的小型陶器。虽然它们的原料粗糙，造型简单，烧成温度低，但毕竟是人类利用化学变化制造器物的尝试，对于提高原始人类的生活质量功不可没。

瓷器的发明

举世公认，瓷器是中国人发明的。商代的白陶已使用瓷土（高岭土）做原料，烧成温度达 1000℃以上，是原始瓷器的雏形。

商代和西周遗址中发现的"青釉器"已明显地具有瓷器的基本特征。它们质地较陶器细腻坚硬，胎色以灰白居多，烧结温度高达1100～1200℃，胎质基本烧结，吸水性较弱，器表面施有一层石灰釉。但是它们还没有达到瓷器的水平，被称为"原始瓷"或"原始青瓷"。

原始瓷经过西周、春秋战国到东汉，历经了 1600～1700 年的发展，由不成熟逐渐走向成熟。东汉至魏晋时制作的瓷器，多为青瓷。它们加工精细，胎质坚硬，不吸水，表面施有一层青色玻璃质釉。这种高水平的制瓷技术，标志着瓷器生产已进入一个新时代。

我国白釉瓷器萌发于南北朝，到隋朝发展到成熟阶段，至唐代更有新的发展。瓷器烧成温度达到 1200℃，瓷的白度也达到了 70% 以上，接近现代高级细瓷的标准。这一成就为釉下彩和釉上彩瓷器的问世打下基础。

宋代瓷器在胎质、釉料和制作技术等方面又有了新的进展，烧瓷技术达到至善至美的程度。工艺技术有了明确的分工，成为我国瓷器发展的一个重要时期。宋代闻名中外的名窑有耀州窑、磁州窑、景德镇窑、龙泉窑、越窑、建窑以及宋代"五大名窑"的汝窑、官窑、哥窑、钧窑、定窑，尤其可贵的是它们的产品风格独特。陕西铜川耀州窑产品精美，胎骨很薄，釉层匀净；河北彭城磁州窑，以磁石泥为坯，所以瓷器又称为磁器，并以生产白瓷黑花瓷器为特色；景德镇窑的产品质薄色润，光致精美，白度和透光度之高被推为宋瓷之最；龙泉窑的产品多为粉青或翠青，釉色美丽光亮；越窑烧制的瓷器胎薄，小巧细致，光泽照人；建窑的黑瓷是宋代名瓷之一，黑釉光亮如漆；汝窑为宋代五大名窑之冠，瓷器釉色以淡青为主色，颜色清润；官窑是否存在尚有争议，一般认为，它就是汴京官窑，为宫廷烧制瓷器；哥窑在何处也众说纷纭，最大的可能是与北宋官窑一起；钧窑烧造的彩色瓷器较多，以胭脂红最好，葱绿和墨色的瓷器也颇受青睐；定窑的瓷器胎细，质薄而有光，瓷色滋润，白釉似粉，称粉定或白定。

我国古代陶瓷器釉彩的发展，经历了从无釉到有釉、由单色釉到多色釉、由釉下彩到釉上彩的历程，逐步发展成釉下与釉上合绘的五彩和斗彩。彩瓷分为釉下彩和釉上彩两大类，在胎坯上先画好图案，上釉后入窑烧炼的彩瓷叫釉下彩；上釉后入窑烧成的瓷器再彩绘，又经炉火烘烧而成的彩瓷，叫釉上彩。明代著名的青花瓷器就是釉下彩的一种。

明代精致白釉的烧制成功和以铜为呈色剂的单色釉瓷器的烧制成功，使瓷器丰富多彩。当时瓷器加釉方法的多样化，标志着中国制瓷技术的提高。成化年间创烧出在釉下青花轮廓线内添加釉上彩的"斗彩"，嘉靖、万历年间烧制成的不用青花勾边而直接用多种彩色描绘的"五彩"都是著名的珍品。清代的瓷器是在明代取得卓越成就的基础上进一步发展起来的，

明代万历青花瓷器

制瓷技术达到了辉煌的境界。康熙时的素三彩、五彩，雍正、乾隆时的粉彩、珐琅彩都是闻名中外的精品。后人多以收藏明清时的名品为荣。

陶瓷的演变

从发掘的情况看，距今五六千年、时处新石器时代母系氏族社会的仰韶文化时期的陶器，虽然以红陶为主，灰陶、黑陶次之，但制陶业已比较发达，并为部落集体所有。烧制用的黏土经过一定的选择，以手制成型为主，少数为模制。到了仰韶后期，不但出现了修整，还普遍使用陶窑烧制。陶器不再直接在火焰上煅烧，火力也比较均匀，从而减少了龟裂和变形。这是技术上迈出的一大步。特别是表面红色、表里磨光、造型独特的细泥彩陶的出现，表明制陶工艺已日臻成熟。陶器上生动而逼真的图案表现了绘画者的丰富想象力和创造才能，也为我们留下了探寻原始社会先民生活和生产状况的宝贵信息。

随着时间的推移，制陶业更有了长足的进展：7000 年前的陶坯上出现了红、白、黑色的绘纹形图案，这就进入了彩陶的发展阶段。

龙山文化时期的陶器以灰陶为主，随后又出现了制陶工艺的珍品——黑陶；它那漆黑的表面和厚仅 1～3 毫米而相对坚硬的陶壁，表明制陶技术又有了新的创造（烧成后期用泥封窑顶，并渗水入窑，烟熏渗碳）。

相当于中原龙山文化的后期，在江南和东南沿海一带出现了一种印纹

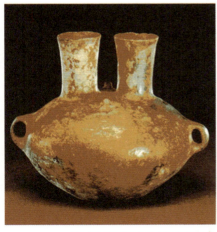

红山文化之双耳双口红陶壶

庙底沟彩陶——彩陶漩涡纹双耳罐

硬陶。由于原料中酸性氧化物相对增加，烧成温度提高到 1100℃。到了商代，开始大量生产印纹硬陶，它吸水率高，外形美观，坚硬耐用，深受社会欢迎。

技术的提高，工艺的日臻完美，祖先给我们留下了无数的精品。粗略看来就有：旧石器时代晚期（距今 10000 多年）的灰陶，8000 多年前的磁山文化的红陶，7000 多年前的仰韶文化的彩陶，6000 多年前的大汶口的"蛋壳黑陶"，4000 多年前的商代白陶，3000 多年前的西周硬陶，秦代的兵马俑，汉代的釉陶，唐代的唐三彩，等等。到了宋代，制陶业趋于没落，瓷器的生产迅猛发展。在瓷器取而代之的同时，陶器趋向具有独特魅力的特殊品种：宋代、辽代的三彩器，明清两代的紫砂壶、琉璃、法花器以及广东石湾的陶塑等，"青出于蓝而胜于蓝"，由于别具一格而备受赞赏。

陶器的应用

陶器作为一种器具首先用于生活之中，所以最早的陶器多制成罐、碗、盆、钵等，用作烧煮、储藏和饮食的用具。许多文化遗址中发现的各类炊煮器、食用器、盛贮器就是实证，而且这一用途延续至今。

随后，陶制品从生活领域跨入生产领域。不少文化遗址中发现了用于捕捞的陶网坠、用于纺织的陶纺轮等。

商代以后，陶器的最大用途是建筑材料。商代早期已出现了陶水管，晚期又发展为三通陶水管，成为地下排水系统的"动脉管"。

西周初期出现了筒瓦和板瓦，随后瓦当的问世使屋面的建筑材料有了新的格局，并延续了几千年。到了战国时期出现了砖块。秦汉时期陶制建筑材料（砖、瓦）有了更大的发展，"秦砖汉瓦"成了建筑的基本材料。

随着应用的日益广泛，人们开始追求形制的美观和外形的雅致。最早的尝试是在陶坯成型后，就用手和水将表面抹平，或者在表面涂一层泥浆——陶衣。在颜色和塑形上下功夫的结果是诞生了彩陶和陶塑，表明人们对审美价值的追求。实际上，陶塑作为一种艺术品，在新石器时代就已有萌芽，河姆渡遗址的陶猪、西安半坡遗址的人头像都是最好的证明。到了商代，陶塑得到更大的发展，种类增加，形象更加生动逼真。举世闻名的秦兵马俑是秦代制陶工人的杰作。使用就地取土的黏土能够烧制出这样巨大的陶俑而不变形，历经 2000 余年不损坏，说明当时制陶技术的精湛、高超。

"秦砖汉瓦"是中国一个辉煌的建筑装饰时期的代名词，也是土引入文化之后，在中国传统文化中所起的不可磨灭的作用。陕西社会科学院考古研究所在咸阳古城建筑遗址出土一部分壁画残片，用矿物质材料制成的红、黄、蓝、黑等色彩变化丰富，风格雄健，迄今色彩鲜艳。这一时期的建筑壁画都按一定的工艺步骤完成，因而壁画结构牢固耐久，色泽历久不褪。

秦代的砖素有"铅砖"的美誉。其特征是砖上有多种纹饰（米格纹、太阳纹、平行线纹、小方格纹等）、图案和绘画。还有用于台阶或壁面的龙纹、凤纹和几何形纹的空心砖。甚至还刻有字体瘦劲古朴的文字。

秦砖

汉代的瓦当纹饰更为精进。王莽时期的青龙、白虎、朱雀、玄武四神瓦当形神兼备，力度超凡，是这一时期的代表作。此外还有各种动物、植物的纹样（如龟纹、蚊纹、豹纹、鹤纹、玉兔纹、花叶纹等）。

汉瓦

唐代的三彩陶器以其特殊的风格和高超的艺术形象驰名于世界。它是用白色黏土做胎，施以含铅的低温釉，釉中加有铁、铜、锰、钴等多种金属为呈色剂，在750～850℃低温下焙烧而成。所谓"三彩"绝不是仅有三种颜色，而是多彩之意。制作时还采用了类似"蜡染"的所谓"漏花"技艺，巧妙地制成了五彩缤纷、鲜艳夺目的器物。

陶器的耐火特性以及它易成型的优点，使它成为冶炼青铜时的陶坩埚与铸造青铜和铁器的陶范。从商周迄今，一直被人们用作一种特殊的耐火器材。

景德镇

景德镇的陶瓷艺人，在长期的劳动智慧实践中，不断总结经验，创造了许多名贵的色釉，烧制出声如磬、明如镜、薄如纸、白如玉的中国名瓷。当时的外国人能获得一件景德镇陶瓷品如获珍宝，故有"黄金有价，陶瓷无价"之说。景德镇陶瓷在世界工艺美术史上为中国争了光。在科学并不发达的封建社会，这些名贵的陶瓷艺术品蒙上了神秘的面纱：很多成功的经验当时不能从科学的角度予以解释，就只有归于"神"，那些神秘的色彩使女人不能下窑，规定进窑的松柴不能长也不能短，满窑时不能多说话，更不能说不吉利的话，烧窑前要杀猪、杀鸡，喝酒，放鞭炮，看农历，抽签打卦，烧香拜佛，以求得神仙的保佑。还规定了四项规矩：建窑讲究风水，满窑时讲究火路，烧窑讲究火候，开窑讲究时辰。

汉代，著名的"丝绸之路"沟通了中外文化间的交流，中国逐渐被誉为"丝国"；唐代以后，伴随着中国瓷器的外销，中国又开始以"瓷国"享誉于世。陶瓷就像友好的使者，联系着五大洲，给人们带来更美好的生活，为传播文化艺术、科学技术以及人民友谊做出了贡献。

二十一世纪——新的"石器时代"

高技术陶瓷是新材料的一个重要组成部分，广泛应用于通信、电子、航空、航天、军事等高技术领域，在信息与通信技术方面尤其有着重要的应用。

从生活用品到生产工具

我国是陶瓷的故乡，精美绝伦的陶瓷不但丰富了人们的日常生活，还作为一种文化现象被世人津津乐道。陶瓷的坚硬是出了名的，所以民间谚语有"没有金刚钻别揽瓷器活"的说法；但是陶瓷的脆弱也是人所共知的，无论多好的古今瓷器，摔在水泥地上无不是粉身碎骨的。说句大不敬的话，

　　"陶瓷之路"发端于唐代中后期，是中世纪中外交往的海上大动脉。因瓷器的性质不同于丝绸，不宜在陆上运输，故与茶叶、香料和金银器等选择海路，因而有"陶瓷之路"或"海上丝绸之路"之称。另外，由于唐代中后期土耳其帝国的崛起削弱了安西入西域通道的"陆上丝绸之路"的地位，因而广州通海夷道的"陶瓷之路"应运而生。"陶瓷之路"开辟了中国与日本、朝鲜、印度、东南亚、非洲和阿拉伯世界的海上交通、贸易之路，也为中国带来了诸多的宗教、文化信息。

　　陶瓷的实用价值恐怕还没有它的文化价值大。因此，我国的传统陶瓷只能用作日常器皿和用具，没有大的"出息"。

　　900多年前，人类发明了钢铁，它的硬度虽比不得陶瓷，但其弹性和延展性很快使它成为材料王国的新宠。面对陶瓷和钢铁这两种截然不同的材料，不少科学家想，能不能把两者的优点结合在一起，让陶瓷也有钢的特性。

精密陶瓷

　　近二三十年来，一种具有特殊结构和特殊功能、与传统陶瓷截然不同的新型陶瓷材料日益得到广泛的应用，这种新型陶瓷有不同的名称：新陶瓷、精密陶瓷、精细陶瓷、高性能陶瓷、现代陶瓷。尽管叫法不同，但其共同特点是理化性质优异、加工精细、成分复杂和价格高昂。

精密陶瓷刀

层出不穷的新型陶瓷

　　上面我们已经多次说到"陶瓷是用黏土成型烧结而成的"。黏土的主要成分是二氧

纳米陶瓷项链

陶瓷——土与火的结晶

硅，按说二氧化硅组成的如石英、水晶的矿物硬度是够可以的；但是黏土和陶瓷还混有相当多的铁、铝、镁等杂质，正是这些杂质使陶瓷变得脆弱易碎，失去弹性和延展性。如果用金属氧化物代替黏土进行烧结呢？试验将石英砂、淀粉和氧化钇按比例配合，制成杯、碗、壶的坯料，在1400℃充有氮气的炉子内煅烧，7小时后得到一种银灰色的瓷器，取名为氮化硅陶瓷。这种新型陶瓷色彩鲜亮，密度与铝相当，能耐1500℃以上的高温，韧性好，硬度惊人，只有用金刚石才能将它切断。另一种用碳化硅、氧化锆、氧化钛、增韧氧化铝等以不同配比的烧结试验，也研制成功了新型陶瓷材料。

这些不同类型的高技术陶瓷身怀绝技，不但有钢的韧性，而且结构十分稳定，硬度特大，不怕热、不怕酸、不怕碱。高技术陶瓷的唯一缺点是没有金属的延展性和塑料的可塑性。于是将陶瓷的分子材料分散到原子级细度，制造出纳米陶瓷。用纳米陶瓷粒子加上黏结剂高温烧结，得到的板材加热到180℃，就能进行碾压，得到各种形状的陶瓷板，性能相当优异。还有一种氟化钙陶瓷，只需加热到80℃，就可以锻压成形。这些试验为陶瓷材料的广泛应用打开了方便之门。纳米陶瓷可用于制造高频的绝缘电器部件，制成的集成电路基片性能大大优于硅材料；用纳米陶瓷制成的磁性材料制造的电容器质量好得出奇，用于计算机磁头磁芯，能大大提高计算机性能的可靠性；用纳米陶瓷制造的人造骨、人工关节、心脏瓣膜植入人体后，一部分会溶解，并吸收组织液中的钙和磷等，表现出对生物组织的相容性，能迅速同肌肉、血管和神经亲密接触；用作牙科材料，不仅能填补病牙，还由于生物功能而永不脱落，比传统的义齿要好上万倍，既不容易松动还永不磨损。半导体陶瓷可用于各种热敏、光敏、气敏、湿敏元件的制造，如光敏开关、气体检测感应器、温度热敏元件等，使生产的自动化控制、机器人产品的质量更上一层楼。

在现代化生产和科学技术的推动下，新型陶瓷"繁殖"得非常快。尤其在近二三十年，新品种层出不穷，令人眼花缭乱，按照新型陶瓷的化学组成可划分为：

氧化物陶瓷：掺有氧化铝、氧化锆、氧化镁、氧化钙、氧化铍、氧化锌、氧化钇、氧化钛、氧化钍、氧化铀等的陶瓷。

生物陶瓷指与生物体或生物化学有关的新型陶瓷，包括精细陶瓷、多孔陶瓷和某些玻璃和单晶。生物陶瓷可分为与生物体相关的植入陶瓷和与生物化学相关的生物工艺学陶瓷。前者植入体内以恢复和增强生物体的机能，是直接与生物体接触使用的生物陶瓷。后者用于固定酶、分离细菌和病毒以及作为生物化学反应的催化剂，使用时不直接与生物体接触。

　　氮化物陶瓷：掺有氮化硅、氮化铝、氮化硼、氮化铀等的陶瓷。

　　碳化物陶瓷：掺有碳化硅、碳化硼、碳化铀等的陶瓷。

　　硼化物陶瓷：掺有硼化锆、硼化镧等的陶瓷。

　　硅化物陶瓷：掺有硅化钼等的陶瓷。

　　氟化物陶瓷：掺有氟化镁、氟化钙、氟化镧等的陶瓷。

　　硫化物陶瓷：掺有硫化锌、硫化铈等的陶瓷。

　　此外，还有砷化物陶瓷、硒化物陶瓷、碲化物陶瓷等。

　　除主要由一种化合物构成的单相陶瓷外，还有由两种或两种以上化合物构成的复合陶瓷。例如，由氧化铝和氧化镁结合而成的镁铝尖晶石陶瓷，由氮化硅和氧化铝结合而成的氧氮化硅铝陶瓷，由氧化铬、氧化镧和氧化钙结合而成的铬酸镧钙陶瓷以及由氧化锆、氧化钛、氧化铅、氧化镧结合而成的锆钛酸铅镧陶瓷等。此外，有一大类在陶瓷中添加了金属而生成的金属陶瓷，例如氧化物基金属陶瓷、碳化物基金属陶瓷、硼化物基金属陶瓷等，也是现代陶瓷中的重要品种。近年来，为了改善陶瓷的脆性，在陶瓷基体中添加了金属纤维和无机纤维，这样构成的纤维补强陶瓷复合材料，是陶瓷家族中最年轻、最有发展前途的一个分支。

　　陶瓷家族的迅速扩大，使人目不暇接，于是从不同的角度对它进行了分类，单从陶瓷的性能，就能把它们分为高强度陶瓷、高温陶瓷、高韧性陶瓷、铁电陶瓷、压电陶瓷、电解质陶瓷、半导体陶瓷、电介质陶瓷、光学陶瓷（即透明陶瓷）、磁性瓷、耐酸陶瓷和生物陶瓷等。看来，这个家族的队伍还在扩大。

陶瓷——土与火的结晶

125

陶瓷文化

陶瓷文化的内涵

细论陶瓷文化，包括制瓷历史、制瓷技艺、创作理念、陶瓷产品、陶瓷器物与装饰文化、陶瓷交易与习俗文化、陶瓷人物与制度文化、人文景观、习俗风情等所有的内容共生共进，是凝聚在陶瓷发展中一切思想行为和物质创造的文明结晶。陶瓷作为人工制造的器物由三种成分构成。首先是物质，即制造陶瓷产品使用的材质——瓷土及其他原料。它们本身是天然物质，因为经过了人工开采和加工，包含有人的意志等主观因素，也就拥有了文化因素。其次是技术，即制造陶瓷产品的技术设备、工具、工艺流程、方法技巧、操作程序等，这是一种介乎于物质和精神（意识）之间的要素，就其文化因素而言，高于物质性的原材料，较之于物质性材质，在更直接的意义上属于广义的文化。最后是装饰，即为了提高产品的美学品位，增加商品市场价值，由人工对陶瓷产品进行的装饰，包括造型、绘画、烧制等。这是对陶瓷产品所作的美化，将人的审美要求贯彻其中，以满足消费者对陶瓷产品的审美享受。这是陶瓷产品制造人员艺术品位和能力的体现，是更直接的陶瓷文化。虽然它不能脱离物质而独立存在，但就其本来意义而言，它是精神创造的过程。在这个过程中，技术和文化存在着交叉和包容现象，但两者的区别也是明显的。技术更多地反映了人和物的关系，而文化反映的主要是人和人的关系。可见，陶瓷文化主要集中在这个层次上。换句话说，一件陶瓷产品文化含量的高低，主要是看艺术装饰的效果。如果这个层次上文化含量很低，就很难说整个陶瓷产品具有高含量的文化元素，甚至没有文化含量。

文化作为一种精神、意识、观念性质的存在，它是"物"的，是直接地与人的需要、品位、愿望等主观意识结合在一起的。相对于陶瓷这种"物"而言，陶瓷文化是一种美丽、一种品位、一种灵性、一种由物所涵养的"神"或"气"，是一种脱离了外观、式样甚至质地的相对存在。一件已经残破的古代瓷，依然被人们所珍惜，有很高的价值，甚至成为"无价之宝"，就是这个道理。

自古至今，陶瓷装饰中有一种普遍性、共同性的特征，正是这些特征构成了陶瓷的文化内涵。第一，造型上，以形体圆满、规整、稳定、方便使用以及大肚能容的包容性为主流，体现出人对于日常生活美好状态的期盼。第二，绘画以静物、花鸟、山水、仕女、人物、纹饰为主，画面充满了和谐、安详、喜庆、恬静等情调。第三，纹饰蕴含表达了陶瓷制作人对消费者的祝福和关怀。第四，陶瓷的釉色种类繁多，如釉下彩、釉上彩、釉中彩、颜色釉等，给人以活泼、喜庆、安详、愉悦的感觉。

体现在上述种种装饰形式中的陶瓷文化，如果抛开具体形态上的差别，它有一个共同的内涵，从而形成陶瓷业界对陶瓷装饰的一种共同的价值观、一种共识。这种价值观或共识构成了陶瓷文化的内涵或灵魂。这个内核，概括起来就是和祥安康。"和"是和谐，包括人与自然的和谐、人与人的和谐以及个人和社会的和谐；"祥"是瑞祥，是吉祥如意、瑞星高照之意；"安"是平安，中国人在潜意识里总是认为平安就是福，祈福、祝福、赐福等与福相联系的文辞都是人们对幸福的祝祷，"福"已经在中国形成了一种福文化；"康"是康乐，康宁快乐，快乐是幸福中应有之义。"和祥安康"中，"和"是主导，是基础，更是保证，它要求发扬倡导和合精神。和合精神是我国传统文化的精髓，是化解社会矛盾和冲突之道。"和合"指和生、和处、和立、和达、和爱，也指合作、合力、合度、合璧、合群的精神和行为的良好状态。总之，陶瓷文化内涵反映了人们对幸福生活的期盼。对于消费者而言，陶瓷制品在满足生活需要之外，还希望能使心理愉悦，并以此慰藉自己，激励自己，形成和谐、积极、宽松、美好的生活环境。

景德镇的陶瓷文化

景德镇地处江西省东北部，属亚热带季风气候区，雨量充沛，水源充盈，光照充足。境内山峦起伏，有丰富的森林资源。境内河道纵横，东河、南河、西河和小北港河汇集昌江，然后自北向南流经市区，通向鄱阳湖注入长江。附近高岭村出产的高岭土是烧制瓷器的优质原料，全世界此类瓷土均以"高岭"命名。这样就从气温、光照、水源、原料、燃料以及运输交通方面为烧制瓷器提供了物质和环境的基本条件，促进了景瓷的发展。

景德镇自古以来以瓷为业，积蓄了丰厚的陶瓷文化底蕴，被世人称为瓷都。千年窑火，催生出景德镇陶瓷文化的灿烂，实为中国陶瓷史上的一颗明珠。景德镇素以"汇天下良工之精华，集天下名窑之大成"著称。千年制瓷历史创造了体系完整、内涵丰富的陶瓷文化。景德镇陶瓷物质文化、精神文化、制度文化相互渗透、互为因果，陶瓷文化景观都占据一定的时空；即使占据的时空不大，但每个景观所处的时空位置总是相对固定，使得地域文化得以持续，揭示了文化是动因、自然条件是中介、文化景观是结果的规律。

景德镇陶瓷物质文化遗产的内涵

景德镇拥有大规模瓷业遗存：原料产地、作坊窑房、交通道路、水运码头、城池衙署、商铺民居、窑砖里弄等，如矿址、窑址、窑坊、作坊、民宅、瓷行、柴行、会馆、寺庙、栅门、码头和街区。东河流域有瑶里、高岭和东埠；南河流域有黄泥头、白虎弯和杨梅亭；市区的古窑房散落于彭家上弄、苏家坂、金家弄、沟沿上，古作坊散落于枯村弄、新罗汉肚、薛家坞、沟沿上、苦珠山、生益岭、吊脚楼和葡萄架。它们具有重要的经济价值和鲜明的地方特色，是生态文化和城市形态完美结合的典范。

景德镇陶瓷遗产廊道时空过程

景德镇临河筑窑、沿窑成市、集市成镇，其空间分布和发展过程，浓缩了中国古代手工业城市的特征，为正在消逝的文明提供了独特的见证。景德镇东汉开始生产陶瓷，南北朝为宫廷建筑试制陶础，隋代为皇宫烧造两尊狮像，唐代陶玉、霍仲初用青白如玉的瓷器贡奉朝廷，宋代景德镇跻身名窑之列，元代瓷业与农业逐渐分离，开始转向专业化生产，明清两代出现了资本主义萌芽。景德镇陶瓷生产，在唐宋时期集中在东河上游和南河中下游，宋元时期逐渐过渡到南河流域，明清向珠山为中心的地区发展，出现了"村村陶埏，处处窑火""茅舍倚岸夹江开，征帆日日蔽江来"的壮观景象。景德镇线性遗产由陆地遗产廊道和水域陶瓷之路构成，汇集了中国乃至世界陶瓷发展重大历史事件的要素。中国陶瓷对外传播不晚于汉代。唐以前主要是依托丝绸之路，唐以后由于西夏王朝、中亚萨曼王朝的建立，欧洲十字军东征，丝绸之路几度中断，遂开拓和发展了以景德镇为源头的陶瓷之路，宋元时期成为经济、文化对外交往的主要途径。明清时期更加繁荣，形成了"工匠八方来，器成天下走"的局面。景德镇与海上陶瓷之路同步发展，陶瓷通过水陆联运，昌江经景德镇汇入东河、西河、南河，注入鄱阳湖；由长江入海，到宁波、泉州；或转长江入汉水到西北进入中亚；或转鄱阳湖逆赣江到珠江水系，或越武夷山到闽江水系，到达广州、澳门、福州、泉州、厦门；经东海到日本、北美，经南海到东南亚、南美，绕马六甲海峡达南亚、中亚、非洲、欧洲。景德镇陶瓷之路是人类文明进化之路，历代来华和来景德镇学习、游历、经商的使节、僧侣、留学生、传教士和商人不绝于途，以陶瓷为载体传播着儒教、道教、佛教、伊斯兰教和基督教，为景德镇陶瓷文化增添了浓厚的域外色彩。陶瓷制作工艺名扬海内外，以致越南藩朗、日本有田、伊朗伊斯伯罕、德国迈森、荷兰代尔夫特等地以仿制景德镇陶瓷而著称。

景德镇陶瓷遗产廊道工程建筑

景德镇陶瓷遗产廊道的建筑或工程具有形式、结构、演化的独特性，具有特殊的应用价值。龙窑、葫芦窑、马蹄窑等窑场大都依山傍水，邻近瓷土矿和松林，得益于水力之利、水运之便。作坊大多为四合院或三合院，人字形屋顶，内设晒架塘，既能通风又能保暖、既能采光又能避雨、既能散热又能防潮，充分借助地理环境和当地资源，堪称自然与人工的杰作，体现了天人合一的关系，展现了先进的制瓷工艺和庞大的生产规模，揭示了举世罕见的手工业城市的发展之谜。

矿产——高岭土

景德镇被誉为"千年瓷都"，而陶瓷又是"泥与火的艺术"，在其千年的制瓷过程中，陶瓷原料这一环节极其重要。景德镇"水土宜陶"，而景德镇产的高岭土品质非常好，用它生产出来的景德镇瓷器，曾经代表着中国陶瓷制品的高端水平和上等品质，影响着中国甚至世界。1712年，法国的传教士昂特雷科莱曾向国外介绍过高岭的瓷土，于是高岭土便在全世界闻名了。现在国际上通用的高岭土学名"Kaolin"，就源于景德镇北部山区鹅湖镇高岭村边的高岭山。

时至今日，景德镇走过了千年的辉煌。千年之间，历史的沉积、文化的延续、工艺的传承都是陶艺创作的珍宝，是一笔取之不尽的财富。当

相关链接

高岭土属黏土矿物，也称为"瓷土"，主要由高岭石所组成。"高岭土"的名称还有一段歪打正着的由来。

据说十八世纪初，我国瓷都景德镇来了位身穿黑色长袍、胸悬十字架的法国传教士昂特雷科莱（殷弘绪），他在景德镇居住了7年，专事刺探景德镇的制瓷工艺情报，1712年和1722年先后写了两份关于制瓷原料——高岭土、瓷石和制瓷工艺的情报。信中写道："瓷用原料是由叫作白不子和高岭的两种土合成。后者（高岭）含有微微发光的微粒，而前者只呈白色，有光滑的触感。"后来他在《中国瓷器的制造》一书中，错误地用景德镇附近盛产瓷土的"高岭"村的名字称呼制瓷的黏土，并转译为"Kaolin"，后来"高岭石"便成了一个矿物学名词。

景德镇高岭土外运的大道

纯净高岭土呈白、浅灰色，含有杂质时可显黑、褐、粉红、米黄等色。主要矿物成分为六角形鳞片状或管状或杆状结晶的高岭石。理论成分为：二氧化硅46.5%；三氧化二铝39.5%；水14%。

我国高岭土的储量极大，分布极广，品种繁多。抚州高岭土（俗称滑石子）质量好，含铁量极低，白度、黏结性和干燥强度均甚佳，是景德镇配制高级细瓷坯和釉的最佳原料。

前，景德镇正致力于振兴陶瓷，建经济重镇和旅游都市，推进城市化的进程。因此，全面弘扬陶瓷文化无疑是重中之重。景德镇陶瓷文化的多样性特点，包括悠久的制瓷历史，珍贵的文物古迹，传统的制瓷技术，众多的陶瓷名家，丰富的陶瓷产品以及独有的陶瓷习俗正在改革开放的大潮中发扬光大，在提倡弘扬文化事业、壮大文化产业的热议中开花结果；"弘扬陶瓷文化，发展瓷都经济"的思路、途径正向着多样化和全方位的方向开拓前进。

相关链接

浮梁古城：浮梁置县于公元 621 年，是世界瓷都之源，以精美的瓷茶贡品而闻名；现有保存完好的五品县衙和宋代红塔，是我国长江以南唯一保存完好的县衙。浮梁古城坐落于风景秀丽的昌江之畔，周围群山环抱，山清水秀，生态环境非常优美，距景德镇市 8 千米。白居易的《琵琶行》中有一句"商人重利轻别离，前月浮梁买茶去"，印象十分深刻。

景德镇市郊的浮梁古城

客家陶瓷文化

闽西"客家"是指福建省西部三明市所辖的清流、明溪、宁化、将乐、建宁、泰宁、沙县和龙岩市所属的长汀、上杭、永定、武平、连城等客家人连片聚居区域。在这块古老而又神奇的土地上，客家先民就繁衍生息在这里，创造出丰富多彩而又不同凡响的物质文化，遗留了名目繁多的各类历史文化遗迹。古陶瓷艺术就是其中的一朵奇葩。闽西客家区域古陶瓷艺术在与中原瓷文化的交汇融合、传承中具有鲜明的地域特性。

客家民俗陶瓷展

陶瓷——土与火的结晶

131

客家人生产的瓷称为"客家瓷","客家瓷"的生产销售本着从实际生活的需要和务实的精神，力求将产品符合使用要求，为生活服务，以功能效用为根本。在此基础上去创造美，把美的形式与实用功能相结合，尽可能加以装饰和美化，给人们的生活带来愉悦、方便和美感。

客家瓷的生产者主要有两类。一类是专职生产民间陶瓷，并以陶瓷为生计的专业艺人，主要是南迁而来的制瓷艺人和当地原生态制瓷艺人，他们的手艺往往通过父子继承而来。具有北方窑或景德镇窑的艺术特点南迁而来的制瓷艺人与当地原生态制瓷艺人一道，共同推动了客家陶瓷手工业的繁荣发展。从发掘出土的品种繁多的各式碗、盘、碟、杯、盆、缸、罐、坛、盏、壶等陶瓷器的造型和工艺特征来看，与中原和江西、浙江、安徽等地产品有着承前启后的脉络关系，说明客家瓷的艺人们传承和吸收了南北窑业制艺之精华，渐次形成了自己独特的瓷艺风格。第二类主要是当地业余的人员，多以被雇用的形式参与客家瓷的生产，他们是农忙而耕、农闲而陶的民间劳作者。

闽西客家区域古陶瓷窑业是中国陶瓷史上南北文化交融的见证典范。纵观中国历史，南北各民族的传统文化、道德、习俗等一直在发生着碰撞、裂变、互补和优化。陶瓷文化也是如此。随着贸易的扩大，人口的迁徙，增进了民族之间、地域之间的密切交流。瓷业物质文化的交流凸现出一定历史时期的巨大变迁，打破了地域的封锁、产业的分割以及文化品格上的民族化、本土化倾向。从考古发掘的大量瓷片可以看出客家瓷的艺术特色虽然在器型、装饰上有着诸多的简单，无法和景德镇等名窑相比，但整体艺术特色是不容忽视的。客家瓷的艺术特色除来自南北交融的传承性和本土民俗的原始性外，另一个根本艺术特征是民间艺人的真、趣、美的朴素理念与创新本能使然。客家瓷就是在自由、天然、本性中的抒发与写意表露中尽情呈现，具有朴素自然、格调清新雅致性的美学特征。在"客家瓷"中，我们可以看到那种淡泊汪洋的朴素，那种不素面微雕的无言之色、无言之声，其追求的是中国传统的儒、释、道精神合流的温文尔雅、含蓄内蕴、自然天成的意境之美。其时而意笔草草、笔意俊逸潇洒，时而自然夸张、豪宕不羁豪放奔腾，少见繁缛琐碎、刻意求工的装饰风格。挥洒自然、不拘一格的装饰手法，构成了"客家瓷"的独特审美特质，在中国陶瓷文化史上独具鲜明的地域审美特性。

紫砂壶文化

　　近代紫砂壶也进入了收藏的行列，它丰富的文化内涵是毋庸置疑的。它们与陶器、瓷器一样，既是物质产品，又是精神的慰藉品。它们吸纳了传统文化的精髓，与之交融后使自己充盈着文化味和书卷气，满足了人们的审美情趣与鉴赏需求。历史上著名的诗人、学者、书画家、名人、官宦、绅士以各种形式参与紫砂壶艺的创作，每一个历史时期都创造有颇具影响的特色紫砂壶艺术，为紫砂壶注入了多种多样的文化内涵。某著名紫砂壶艺术家在谈到紫砂壶文化时，满怀激情地说：紫砂壶实际上是热衷于文化的艺人和热爱工艺的文人的共同创造。

　　文人参与定制紫砂壶为陶艺作品素质的提高做出了贡献。他们在紫砂壶上撰写壶铭，不论是记事、寓意，还是言志、寄情，都是那样的切壶、切情、切茗；他们在坯体上挥毫作画、操刀镌刻，使紫砂陶成为集文学、书画、篆刻于一体的艺术品，大大提高了它的文化、艺术品位，使砂与土的产品立即升华为人见人爱的艺术品。

　　拿着这一把把紫砂壶，不由得让人想起收藏家说的话：紫砂壶与人一样——要养。是啊！洗壶是在洗性情，养壶更重在养心和养气质；人要有淡泊明志的心胸才能洗好壶，要用养壶的心情让自己去学壶的"有容"和"肚量"，净壶盛茶，却又不急于"盛满"；以生活为茶，去涵纳生活，拥抱生活，也让生活孕育自己，拥抱自己。当岁月的流逝如同欲倒掉的"茶渣"时，生活则如壶，有着带不走的温馨，有着永远包容和宽宏的"肚量"。这样一想，生活中还会有什么样的"坎"迈不过去呢！

　　这就是紫砂壶给我们的启示，这就是紫砂壶文化的内涵。

宜兴紫砂壶

陶瓷——土与火的结晶

土中的科学"秘笈"

　　现在我们已经知道了：土壤的发育和演化过程是陆地生态系统的重要组成部分，它的发生、发育和发展过程与地球上的地质作用、所处的地理位置、气候带、地质背景以及该地区的风化作用类型和经受改造的时间有着紧密的联系；从它的母质——岩石形成开始，到岩石被风化、淋滤、有机质化，最后成为可以种植庄稼的土壤，都是地球内部和表面所有地质作用的结果。

用科学的语言来说，土是对全球变化的响应和反馈的产物。这句话又给了我们许多新的启示和新的思路。下面让我们顺着这条思路去思考，去探索。

　　我们前面几章所说的形成土壤的过程，严格地说是成壤的过程，所谓"壤"就是已经成熟的"土"——土壤，在"壤"之前还有一个"成土"的过程，即岩石风化、破碎之后，尚未掺杂进来有机物之前，它们要么留在原地（或附近）继续"成壤"，要么被水、风、冰川或生物搬运；地球几十亿年的历史中，更多的风化作用产物经历的是后面这个被搬运、沉积的命运。也正是这样的历程，地球上才有了沉积岩。现在我们再把这个过程"拉"回来一点，也就是岩石的风化作用产物被流水和风搬运到其他地方和河流、湖泊、海洋中，沉淀或沉积下来之后（地质上称其为"沉积物"）而未能成壤的"土"。这些"土"除海洋和湖泊中的沉积物外，还有著名的黄土高原上的黄土。从地质历史和成因来说，它们形成的历史相对于地球的年龄来说"不长"，它们都形成于地质历史的最新的一个年代——第四纪。下面要说的"土"，对海洋和湖泊中的沉积物来说当然是水成的，陆地上的黄土则是风成的。

　　有人形象地指出，新近时期古气候环境的历史是一本用密码写就的"秘笈"，藏在大自然的水、土和石头之中；这里姑且不论水中和石头中的大自然变化"密码"，只说土中深藏的"秘笈"。经过几十年的努力，科学家在深海、湖泊沉积物和中国的黄土中找到了这些"秘笈"，并且初步进行了通读和诠释。

问题的提出

气候变化：兵临城下

　　2009 年 12 月 7 日，近 200 个国家的代表再一次齐集丹麦首都哥本哈根，共同商讨决定人类生存命运的气候变化问题。在许多非洲国家，与气候有关的压力是"造成不稳定的一个主要原因"。对此，英国一家研究所发表报告说，由于各国未能做好应对最坏情况的准备，人类对气候变化造成的海平面上升等威胁至今应对乏力，这与忽视核扩散和恐怖主义的威胁没有区别。一是气候变化将引发全球性的骚乱和战争。由于全球气候发生剧变，粮食产量下降，水资源和能源匮乏，为了保护有限的资源，世界将处在随时爆发战争的边缘。预测争夺淡水将成为未来战争的重要原因。二是气候变化催生了一种新类型的难民——生态难民。许多发展中国家面临着因为躲避干旱和灾难性风暴，将引发更严重的不稳定。由于海平面上升，大片农田被淹，很多地方出现移民潮，大量难民将涌向富裕地区。由于移民越来越多，许多国家将处于更加严重的内部争斗态势。三是军队将成为应对气候变化的主要力量，而人道救援也将更多地取代军队的作战行动。气候变化将频繁带来风暴、干旱、流行性疾病和大规模难民问题，军队将不得不更多地参与人道主义救援，从而降低了军队的作战能力。

从某种意义来看，"气候变化对全球稳定的威胁将远远超过恐怖主义"的说法，绝非危言耸听。"如果气候变化不能放缓，超过环境极限，将成为国家冲突的主要驱动器"，未来的冲突将成为家常便饭，战争将改变人类的生活。可以预见，我们这个星球的气候如果再恶化下去，将不再成为人类的栖身之所。显然，气候变化问题不是气候自身之使然，而是人类活动的结果，其中90%是人类向大气排放温室气体的结果，化石燃料的使用堪为罪魁祸首。但从当前的情况看，对气候变化的认识还有明显的分歧：怀疑主义者、乐观主义者和激进主义者都持有各自的看法。怀疑主义者怀疑

漂泊浮冰上的北极熊（挪威斯瓦尔巴德群岛，2006）

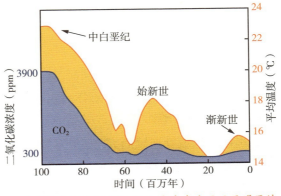

1亿年来全球气温和 CO_2 浓度多次显示了明显的温室效应

气候是否真的发生了变化，认为地球气候的波动自古皆然，几千年前与现在一样，何须为此大惊小怪。乐观主义者承认气候变化的严重性，但却盲目乐观，认为重大灾难在人类历史上史不绝书，最终不都得到了解决？气候变化也许是"小事一桩"，人类终将会找到解决之道。激进主义者则把气候变化的严重性说得如同世界末日，采取了不乏极端的应对措施。

藏在土中的气候"秘笈"

先说黄土。在黄土形成过程中除夹带来的化石或其碎片、残片外，还有一些肉眼看不见的植物的孢子和花粉（合称孢粉），如果在显微镜下能从黄土中找到孢粉，就给我们提供了这一层黄土形成时的气候环境。不仅如此，黄土颗粒中还隐藏着更多的气候信息，譬如黄土矿物的颗粒大小、磁化率、氧化程度、可溶盐以及某些钙质结核的碳、氧同位素组成等。这些信息在不同的黄土层位中各具特色。科学家曾在黄土中发现了一些红色条带，研究结果认为它们是古土壤，也就是说它们曾经迈出了"成土"阶段，进入了"成壤"阶段；而且它们竟有三十几层之多，详细而系统地研究包括这些红色条带在内的整个黄土剖面，就能了解当时的许多气候信息。

海洋和湖泊沉积物中的气候信息自然比黄土更系统更连续。特别是海洋中的化石。其中有一种叫"有孔虫"的，虽然也很小，但它们的种属、成分及其碳、氧同位素组成可以告诉我们许多有用的气候信息。此外，海洋和湖泊里其他一些生物化石，如介壳的某些元素含量之比也能告诉我们水温、含氧度、盐度的变化。海洋和湖泊沉积物的颗粒与黄土中矿物颗粒的分析，也会为我们提供诸多矿物物理性质和化学性质中蕴藏的"秘笈"。

海洋是地球上巨大型的"湖泊"，它的长处是沉积物巨厚，层次多，特别是深海的沉积物特细，拿它作分析样品得到的数据系统而完整。但是，"大有大的难处"啊！想取点样品多难！首先要"绕过"几千米"厚"的水，再往下想取到连续而完整的沉积物，难上加难！相对而言，陆地上的湖泊虽然小了点，可也有自己的优越之处：取样方便。湖泊的流域面积相对较小，所取的样品就比较单纯，所能反映的气候环境范围虽然小了一点，但精度和准确度可以让人更加放心。科学家还发现，湖泊里比海洋多一种气候指标：植物纤维素的氧同位素组成。陆地上的湖泊中残留有许多植物的枝干，植物生长时纤维素中保存了当时的气候信息，死亡后其中的同位素组成依然如旧，经过详细的研究对比，已经能够初步建立起一套研究方法，取得一些令人欣喜的结果。

全球气候变化惹热议

进入二十一世纪以来，全球气候变化及其影响已经成为全人类广泛关注的焦点。世界各国政治家、科学家和公众都在为减缓全球变化带来的负面影响而努力。但是，人们还无法预测地球的气候系统是如何变化的，特别是摸不透人类出现之后的演变规律。基于地球科学、生命科学、社会科学和计算科学多学科交叉的，以预测全球变化为目的发展起来的地球系统科学，已成为当今世界重要的科学研究领域和热点方向。

关于地球系统科学的特点，可以归纳成三句话：以地球系统为基础，以各种时间尺度的动态变化为核心，把人类看作全球变化的驱动力之一。

第一句话是说研究的基础。在全球变化研究中，"全球"的含义包括空间规模上的全球尺度和思想认识上的全球观点。从地球系统的概念出发，集中研究那些把系统中所有部分紧密地联系在一起的，并控制着地球系统变化的过程和机制；而不是孤立地把地球的某一圈层、某一地区的现象或某一过程作为研究的中心。以地球系统的概念为基础的全球变化显著地有别于那些建立在对地球各圈层研究基础之上的地质学、大气科学等地球科学的传统分支学科，全球变化研究超越了各分支学科的界限，是建立在各分支学科基础之上的交叉研究。

第二句话强调的是动态变化。地表环境的变化自地球诞生以来延续至今，从未停歇过；它跨越了不同的时间尺度，这是在过去几十年里新建的概念。全球变化所关注的不是地球环境的平均状态，而是发生在各种时间尺度上的状态变化，包括变化的主要表现形式、驱动力、关键过程以及变化所造成的影响。当前关注的重点是几十至几百年尺度的变化，在这个时间尺度内的自然变化对人类有着重要的影响，人类活动对全球过程的影响也最为显著。

第三句话突出了人类活动的重要性。地球系统原本是由太阳能和地球内能启动的，而人类正在成为驱动全球变化的营力之一。由于人类活动的影响加剧，全球变化过程正以前所未有的速度进行着，狭义理解的全球变化主要是指人类生存环境的变化。

地质学家和地球化学家通过对数十万年各种地质样品和地球化学样品的研究，指出最近数十万年来的地球气候变化具有一定的不确定性。所谓的不确定性，是指最近几十年来地球确实在"发烧"，总的趋势实实在在处于变暖时期。但是，也确实尚未确定目前地球到底处于一个怎样的阶段：是趋向变暖呢还是趋向变冷？其中既有人类排放过量二氧化碳这样不容否认的事实，也有地球处于一个什么样阶段的疑问。用专业的语言来说，第四纪有 4 个冰期和 4 个间冰期：冰期就是气候渐趋变冷，间冰期则日渐变暖。这样一个完整的变化周期需要 10 万~12 万年。再细分一下，确认气候变化有一定的尺度标准，即有万年尺度、千年尺度和百年尺度。从万年尺

相关链接

"厄尔尼诺"源于西班牙语，原意为"圣婴"。最早见于南美洲的太平洋沿岸。这股每 3~7 年发作一次的异常高温洋流使本来属于冷水域的太平洋变成为暖水区，造成整个太平洋沿岸气候的巨大变化。"拉尼娜"则相反，它造成沿岸地区的异常降温，台风、暴雨和极端天气频频袭击太平洋东海岸。

它们是一对"孪生子"，所以拉尼娜也称"反厄尔尼诺"。厄尔尼诺出现的周期平均是 4 年，拉尼娜则常常在厄尔尼诺发作的第二年跟随而来，有时会持续两三年。

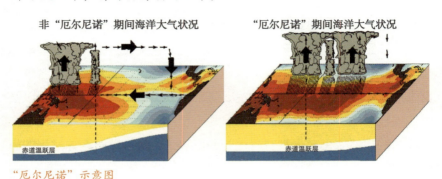

"厄尔尼诺"示意图

度看，近万年来地球处于第四纪冰期中的间冰期；从千年尺度看，处于间冰期中的温暖期；从百年尺度看，处于温暖期中的暖期。可见，从整体上说，全球性的变冷和变暖是交替进行的。从历史气象观测资料分析，冷暖变化的周期大约是 30 年。刚刚过去的二十世纪的变化情况大致就是这样：二十年代之前为冷期，二十至四十年代是暖期，五十至七十年代为冷期，八十年代至今是暖期。

应该特别指出的是，由于人类排放温室气体、地球内部运动和大洋中洋流的作用，使上述的周期性冷暖变化更加复杂化。其中使热带海洋温度异常和持续变暖的"厄尔尼诺"及热带海洋逆向异常和持续变冷的"拉尼娜"所引起的气候变化，给现代人留下了极其深刻的印象：最近几年经常听到某某地区出现数十年不遇的高温，或几十年未见的暴风雪。1991—1995 年，我国连续遭受 3 次"厄尔尼诺"的袭击，"火炉城市"一年比一年增加，干旱缺水使不少地方颗粒无收。2010 年刚刚入冬，内蒙古和黑龙江地区遭遇了 50 年一遇的雪灾，最低气温达 −45℃，北京也传来十年来的最低温，甚至难得一见鹅毛大雪的浙江和江西，也成了银装素裹的北国……可是，正值夏日炎炎的澳大利亚和巴西却遭到特大暴雨的袭击，真个是"江河横溢，人或为鱼鳖"啊。

真是"天有不测风云"啊！人们多么想知道地球到底怎么啦？科学家也在努力，到处寻找气候变化的蛛丝马迹。土有可能为我们揭开这些机密……

大洋深处的沉积物

深海钻探成果

人类对海洋始终是既热爱又敬畏。

对古环境、古气候的研究是以地质时期留下的实物记录为依据的，而深海沉积物是极为理想的信息库。因为深海与陆地几乎隔绝，沉积物不易受到干扰破坏，可以保持连续的记录；而且它沉积速度缓慢，平均每千年仅沉积 1 毫米，薄薄 1 米的样品就可记录下百万年历史的沧桑。因为深海沉积中保存了大量的浮游微体生物和超微生物死亡后的遗骸以及风尘沉积、火山灰、冰山载运的碎屑和宇宙尘等物质，它们都会留下环境变迁的信息，就像考古文物那样记载着地球的蹉跎岁月，成为古环境研究的历史档案。

二十世纪六十年代后期进行的莫霍计划是首次深海钻探的尝试，并取得了一定的成功。虽然由于经费超支和政治原因使这一计划无疾而终，但却因此促成了最成功的国际科学合作：深海钻探计划（DSDP）和大洋钻探计划（ODP）。世界各海洋钻井 2000 多口，取得岩芯 20 余万米。

深海钻探导致了地球科学中一门新的分支学科的诞生：即研究过去海洋的组成、物理条件、环流和历史的古海洋学。地质学家们有史以来第一次获得了保留在未俯冲的大洋地壳上的最早（侏罗纪）沉积物的沉积记录，因此也有可能重建 2 亿年来大洋盆地中分布的沉积物类型（见左图）。地质学家重塑了全球性的海洋学的变化事件，如从中生代以环赤道表层海流为主的全球性环流在新近纪—新生代的以环南极的表层和底层洋流为主的环流格局的转变，与大陆漂移

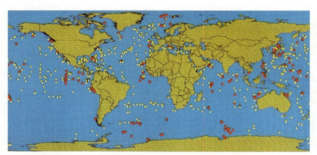

1968—1993 年：DSDP/ODP 井位图，黄点为 DSDP 站位，红点为 ODP 站位

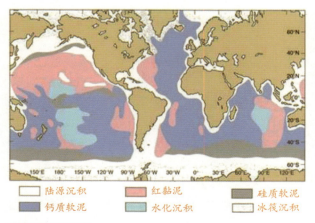

| □ 陆源沉积 | ■ 红黏泥 | ■ 硅质软泥 |
| ■ 钙质软泥 | ■ 水化沉积 | □ 冰筏沉积 |

洋底沉积物类型

相伴的这种变化无疑导致全球气候在百万年尺度上的不可逆变化。大洋沉积物在四个时间尺度上提供了地球气候波动记录的信号。四个时间尺度分别为：50万年以上的构造尺度、2万~40万年的轨道尺度、几百到几千年的大洋尺度和季节性到千年期的人类尺度。从海底采集的岩芯的研究显示，气候变化的速度有随时间从渐变到突变的变化。

一条价值连城的曲线

在深海钻探计划的后期，通过海底表层10米左右较为松软的远洋沉积物的岩芯研究，进行了岩石学、微体古生物学、古地磁学和同位素地球化学等方法的综合分析，科学家重塑了50万年以来极为详尽的、连续的气候变化记录。对取自温带和高纬度地区的岩芯的研究表明，岩性的变化与冰期、间冰期变化完全能够相对应。

通过浮游有孔虫壳体的稳定同位素组成的分析，可以探知全球冰盖

─ **相关链接** ─

大洋钻探对深海沉积物的研究、黄土高原古土壤的研究以及从极地冰芯气泡中直接提取CO_2进行含量测定的综合分析显示，地质时期确实存在冷暖周期旋回的变化，而大气中的CO_2含量则随气候的更替而改变。例如1亿多年前，气候极端炎热，大气中CO_2浓度至少比现在高出3倍；我们从第137页图中可以看到，此后的1亿年来多次显示了CO_2含量的明显波动。在2万多年前的冰期时大气CO_2浓度仅180ppm，相当于今天大气CO_2浓度的一半。

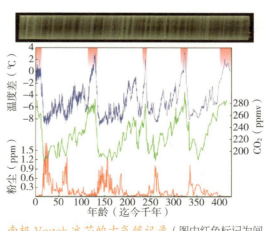

南极Vostok冰芯的古气候记录（图中红色标记为间冰期）

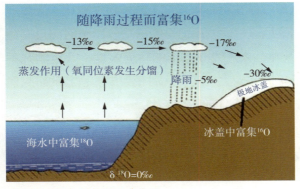

随降雨过程而富集 ^{16}O

蒸发作用（氧同位素发生分馏）　−13‰　−15‰　−17‰

降雨 −5‰　−30‰

极地冰盖

海水中富集 ^{18}O

冰盖中富集 ^{16}O

$\delta^{18}O=0‰$

冰期效应引起的氧同位素分馏

大小的影响和古海平面、海水古温度的变化（左图）。有孔虫是由方解石（碳酸钙）组成的单细胞动物，它的 ^{18}O 与 ^{16}O 的比值与海水保持着平衡，能够反映全球冰盖的大小和海平面下降的幅度，还能告诉我们当时海水的温度。更有趣的是，深海沉积中有孔虫的氧同位素曲线与冰芯气泡中的二氧化碳含量曲线相互平行，似乎悄悄地透露了当时冰期与间冰期的交替。

现代海洋中的许多大大小小的生物也能提供海洋古气温的信息。譬如珊瑚中锶元素的含量、锶同位素组成或者锶／钙比值，都能用来恢复海水的古气温。起先科学家曾经从海洋生物介壳中的 $^{18}O/^{16}O$ 来确认海洋的古温度，而且认为是一种比较成熟的"温度计"；想不到生物介壳和珊瑚的锶／钙比值"温度计"更灵敏更实用，用它来校正其他方法确定的海水温度变化既简便又准确。

对太平洋和大西洋深海沉积物岩芯碳酸盐有孔虫氧同位素组成的分析，发现深海沉积物 $\delta^{18}O$ 的曲线变化能反映过去全球冰量的变化，从而建立了最近 600 万年、260 万年、80 万年、15 万年和 1.5 万年以来的全球气候变化曲线。经典的深海氧同位素组成变化曲线是 1973 年分析赤道太平洋 V28−238 钻孔有孔虫碳酸盐壳体的氧同位素组成后建立的。目前，有代表性的深海氧同位素曲线是大洋钻探（ODP）138 航次 846 孔有孔虫氧同位素组成的变化曲线。

深海岩芯氧同位素组成变化曲线明显显示出 1 万~10 万年的变化周期，暗示应该可以找出全球气候某种周期性变化机制。进一步分析这些周期变化，发现它们还能分出准 10 万年、4 万年和 2 万年的周期，这些周期竟然与太阳轨道参数的变化有惊人的一致性！而且轨道参数变化造成 65°N 夏季太阳辐射的负偏差区域刚好与氧同位素组成高值所反映的冰期相对应，于是形成了轨道驱动的天文气候理论——"米兰科维奇学说"。

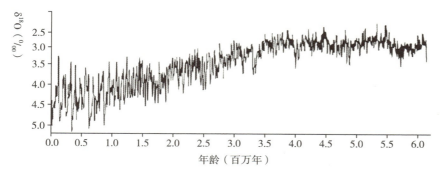

大洋钻探（ODP）138航次846孔有孔虫氧同位素的变化曲线图（安芷生）

通常从深海中所获得的岩芯样品会被剖成两部分，一部分用于科学研究，另一部分作为资料保存和备用

相关链接

　　米兰科维奇理论是二十世纪四十年代南斯拉夫气候学家米兰科维奇·米留廷（1879—1958）提出的。这个理论认为地球的冰期循环是地球轨道的变化改变了季节间的热平衡所致。他从全球尺度上研究了日射量与地球气候的关系，指出北半球高纬夏季太阳辐射变化（地球轨道偏心率、黄赤交角和岁差的三要素变化引起的夏季日射量变化）是驱动地质历史上第四纪冰期旋回的主因；他认为全球气候变化有三个天文周期：2万年是地球的自转轴倾角变化的岁差周期，4万年是地球黄道与赤道的交角变化的周期，10万年是地球公转轨道偏心率变化的周期。

土中气候变化的"密码"

为什么人们如此重视黄土高原？因为黄土层中也有一条价值连城的曲线，而且比海洋中的曲线更有优越性：连续，易得，性能好，低成本。

一个天然的实验室

黄土高原是一个名副其实的陆上天然实验室。

首先，这个实验室与极地或深海不同，陆上的交通方便，取样更是可以"指到哪里打到哪里"，大大降低了科研成本。

其次，这个实验室有深厚的资料积累和成果积累。它是大自然打造的三个近代气候环境档案库之一，很早就是人类生存繁衍和"黄土石器工业"文明的发源地。黄土所记录的环境变化历史及其丰富的考古遗存，为研究环境演化对人类起源、迁徙和演化以及人类与环境的相互作用提供了理想材料，是我国地球系统科学研究的一个重要切入点。半个多世纪以来，科学家积累了丰富的有关黄土的知识和研究成果。最近的研究还证实了它是迄今为止历时最长（约2200万年）最完整的古气候记录的保存者。它所保存的生物化石和生物遗存无一不反映了生物圈的演化历史。以近代沙尘暴作为黄土形成过程的参照来研究，黄土高原不愧是一个巨大的天然实验室。它所保留的至少2200万年以来基本连续的实验数据，足以重建黄土高原及其周边地区的环境演变历

陕西洛川县黑木沟黄土地质遗迹

史，也让世人看到这个地区未来的发展前景。

天然实验室的成果展示

几十年来这个天然实验室的成果积累非常丰厚，从破译黄土高原"密码"的角度，就有六项颇有价值的成果。

红色土地层的建立：1930年，中外科学家合作第一次把黄土高原厚达300余米的黄土划分为马兰黄土和红色土A、B、C等四层，并按其中所含古脊椎动物化石定为现在仍延续使用的第四纪的早、中、晚期。

古土壤层的发现：二十世纪五十年代，土壤学家研究了黄土及其中的古土壤层后指出，黄土层中所夹的红色条带，即上述的"红色土"，实质上是一种褐色土型的古土壤层。

古地磁研究的发现：古地磁测量显示，黄土与古土壤的磁化率可以用作反映地质作用、环境变化的气候要素的替代性指标。这一认识使我们有可能将黄土高原沉积与深海沉积、冰芯的研究结果进行对比。从此，黄土高原和黄土的研究从建立区域性对比剖面踏上了进行全球对比的新台阶，也进入了一个将黄土与环境研究相联系的新阶段。

冬季风和夏季风的标志：黄土和古土壤是通过什么机制把全球气候变化记录下来的？中国科学家指出，黄土和古土壤分别代表古气候环境的冬季风盛行和夏季风盛行的模式，记录了这些变化。这样来理解黄土的季风机制有助于了解黄土与古土壤的成因，也能够解译黄土所蕴含的环境"密码"。

米兰科维奇周期的启示：全球冰量的增加，特别是北极地区冰量的增加导致西伯利亚高压的增强，这一增强可能加剧了亚洲内陆的干旱化。黄土高原的形成可能更多的与此有关，青藏高原的隆起也促进了干旱化的形成和黄土的淀积。黄土高原这本"秘笈"可能和深海那本"秘笈"一样，都有一个形成过程"简单"的特点，因而有利于再造古气候的历史。受米兰科维奇周期理论的启发，人们对于260万年来、特别是180万年来气候波动的历史和形成过程以及这种波动的原因和驱动力都有了新的认识和发现。

青藏高原让风吹干了亚洲大陆：中国学者对中国干旱化历史的认识有两次大的突破。一次是在二十世纪二十年代，把亚洲干旱的历史由13万年放大到260万年；一次是九十年代迄今，把干旱的历史放大到600万~800

万年。黄土中上新世的红黏土重新被认识为黄土，使600万年又放大到2200万年。如何认识2200万年前开始的中国大陆北部的强烈干旱化？与青藏高原的形成和隆起在时间和空间上的关系如何？这是今后的一个新课题。

中国的土地上拥有这样的一本"秘笈"，而且已经被读懂了一部分，这令世界深感幸运。但是，今天对黄土中的认识只是地球系统演化信息库的"冰山一角"，还有很多引人入胜的故事等待我们去解释——这正是黄土研究的生命力所在。这是一项地球科学进入系统科学阶段和从文化的角度认识地球的历史时期的新任务，也是一次振奋人心的挑战。黄土高原和黄土的秘密等待着一代又一代的科学家去探索、去发现、去解读，相信一定会有新的发现、新的成果、新的进步。

黄土中微玻璃陨石的气候变化信息

上面讲的是气候变化在土中产生的连续记录，也就是说，它是靠连续地测量某些数据所得出的记录，下面来谈谈某些突发事件在黄土中的记录。

什么是微玻璃陨石

（微）玻璃陨石是地外物体剧烈撞击地球时，冲击波使地表物质熔融后快速凝结而成的天然玻璃。地表发现的玻璃物质为棕黑色到浅绿色，一般为厘米级大小。由于外观似火山岩中的黑曜岩，故又称"似黑曜岩"。但这两种"玻璃"的成因、成分和结构都不相同。这些玻璃陨石类似于广东和海南的"雷公墨"，只是它们比雷公墨要微小的多，所以在前面加上一个"微"字。

微玻璃陨石携带的信息

微玻璃陨石多见于地层中或深海沉积物中。我国科学家早在二十世纪六十年代就有研究成果的报道。它的粒径常常小于 1 毫米。六十年代中期第一次在深海沉积物中发现微玻璃陨石以来，对它的研究一直是以深海岩芯为对象。八十年代中期，中国科学家在洛川黄土剖面中找到了微玻璃陨石，确定其沉降年龄为 72 万~72.4 万年，从而揭开了以黄土中的微玻璃陨石为研究对象、探讨黄土和新生代其他陆相沉积物中撞击事件及其对全球古气候、古环境研究的序幕。

湖中淤泥的秘密

沉积记录

　　湖泊是陆地水圈的重要组成部分，与大气圈、生物圈和岩石圈有着不可分割的密切关系，是各圈层相互作用的连接点。许多较大的湖泊主要是由于构造形成的，在地质历史中持续的时间较长，受碎屑物的供给和湖水演化两方面影响，因此湖底的淤泥常常蕴含有气候变化的秘密。譬如长时间连续沉积的湖泊沉积物的年纹层序可能提供气候变化和湖泊动力学机制的信息，是全球气候环境变化的重要载体。

　　科学界已基本公认，地球轨道的变化影响了气候，直接影响到冰盖的扩张和收缩速度，进而周期性地影响海水的同位素组成。对云南滇池百万年以来贝壳氧同位素记录、淡水软体动物组合和沉积物的研究表明，滇池湖水演化有 10 万年的周期，反映了干湿气候的明显交替。这种现象可能与地球轨道偏心率的变化（主周期）10 万年是一致的。最近对俄罗斯西伯利亚的贝加尔湖 400 万年来的环境演化历史研究，也证实存在明显的 10 万年和 4.1 万年的周期。

　　这些研究结果都是通过湖泊淤泥剖面的系统分析得到的，测试的样品有沉积物的矿物成分、化学成分、矿物的碳或氧同位素组成以及流入湖中树枝的纤维素的同位素和其他一些化学成分。譬如湖泊中一种叫介形虫的小动物，它的壳体中镁 / 钙比值是指示湖水温度的有效指标；如果用高技术手段获取淤泥中由颗石藻产生的烯烃化合物的酮不饱和性指标，也能推断湖水的温度变化。再根据淤泥剖面中这些指标的变化，就能了解自古至今湖水温度的变化。再譬如北京昆明湖沉积岩芯的高分辨率研究发现，八国联军大肆火烧圆明园时，在湖泊沉积记录中表现出岩芯中有大量炭屑；山东南四湖沉积岩芯记录了黄河泛滥和河道变迁的历史；云南滇池现代湖泊沉积表现为湖水的富营养化和重金属污染过程。

近年来，湖泊沉积作为流域污染历史和水体富营养化记录载体研究的蓬勃展开，将湖泊沉积记录与现代湖泊过程相结合，通过湖泊（尤其是大型浅水湖泊）沉积—再悬浮—再沉积过程中营养盐和污染物的迁移转化、界面理化特征及其对沉积环境的控制、生物和微生物的影响等，揭示湖泊水体的自然富营养化和人为富营养化过程以及流域－湖泊的污染历史，探讨人类活动对湖泊环境的影响。

回溯青铜器时代

十几年前，有"千湖之省"之称的湖北，悄悄地掀起一个寻觅古籍中记载的"云梦泽"的热潮。原来，地处长江中游的湖北省在春秋战国之前是一个巨大的内陆湖盆；曾几何时，云梦泽被泥沙淤积而消退，变成江汉平原上大大小小的湖泊，以致影响到那里的气候。也是在这个地区，有着我国著名的大冶铁矿和铜绿山铜矿。铜绿山有古代开采的矿井、巷360多处（条），采掘深度达50余米；古代冶铜炉7座，残余炼渣40余万吨。井下还散存有铜斧、铁锤、船形木斗、辘轳等多种采矿工具，是我国著名的古铜矿（冶）遗址。

于是人们想通过湖泊的考察了解古代的矿山开采和冶炼史。

大冶市附近有个梁子湖，它紧邻保安湖、三山湖和鸭儿湖，湖水清澈，盛产武昌鱼。几年前，科学家在湖中央提取了2.68米长的淤泥样品，测定了7000年中金属沉积物的含量，比较了铅同位素的比值，发现从公元前3000年开始，铜、锌、铅、镍等的含量就逐渐增加，到公元前467年—前221年前后，这些金属的含量猛增；与历史一对照，这些出现"峰值"的沉积物正好是春秋战国的楚国兴盛时期。于是，从淤泥中浮现出楚国的一幕幕历史片段：战国时期楚国身陷战乱，此时正值青铜器的鼎盛时期，在铜绿山附近大肆制造武器和青铜工具。楚国的衰落，也使淤泥中的"峰值"跌落谷底，而金属沉积再次出现高峰，则已是 2000 年之后的工业革命时期了。

真没想到湖泊的淤泥中还藏有一段鲜为人知的青铜器历史，于是科学家手中多了一件探测的"武器"，凭着这副武器或许还能为我们揭出更多的历史残卷，更多不为人知的故事。

神奇的玛珥湖

玛珥湖不是某一个湖的名称，而是指一种特殊成因类型的湖泊，是翻译而来的舶来品，是一种火山地貌的别称。它实际上就是积水的火山口，但与一般的火山口湖相比又有自己的特点：它是一种平地爆发的火山，喷发岩浆、蒸汽与泥巴、石头一起喷涌而出形成火山口；因此，中文曾译为"低平的火山口"。玛珥湖的英文"maar"来源于拉丁文的"mare"，即海的意思；是居住在德国莱茵地区的居民对当地有水的湖泊、沼泽的称呼。十九世纪早期，德国一位科学家研究了德国西部艾费尔高原第四纪火山区中小而圆形的火山口湖，将其定义为一种火山类型。现在都将玛珥湖理解

德国的玛珥湖

为富含热液和蒸汽爆发的火山，因地层（岩层）塌陷而成盆地。

玛珥湖在全球分布范围广，几乎任何地质历史时期都能形成。从现存的状态看，玛珥湖可分为四种类型：①空型：由于刚刚形成，所以没有水，也没有多少沉积物。如美国阿拉斯加的 Ukinrek 湖。②湖型：积有水和沉积物。如雷州半岛的湖光岩。③沼泽型：湖水已消退殆尽，沉积物呈泥泞状，表层有草甸（西方人称为 peat，与中国学者理解的泥岩不是一码事）。如法国的 Chastelets 湖。④干涸型：表面为耕地或杂草丛生，地貌上呈洼地。如雷州半岛的田洋、九斗洋和青桐洋。玛珥湖独特的地质背景决定了沉积物能提供更高分辨率的古气候记录。

与其他湖盆相比，玛珥湖的沉积有如下特点：①封闭性和沉积物连续性。湖底的沉积物主要由湖泊自生物质、湖盆坡壁的岩石－土壤碎屑、动植物的残体和化学物质以及大气降水、空中的粉尘及植物的孢粉等组成。所以湖底沉积物连续且基本无干扰，真实全面地记录了当地气候和环境的演变。②沉积物具高分辨率。玛珥湖的沉积物——纹层不仅能提供长尺度的精确年代标尺，而且携带着丰富的季节性气候变化信息。③能够反映降水的变化。玛珥湖的汇水面积通常不大，常限制于非常有限的环形"围墙"

相关链接

玛珥湖：岩浆上升并与地下水接触产生蒸汽岩浆，爆发后形成低平的火山口，积水成湖（玛珥湖），干涸后成为干枯玛珥湖。

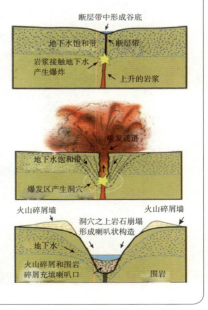

玛珥火山形成示意图

内，因此容易控制湖水的平衡，通常由有效降水（即降水量）和蒸发量的差值所控制，因而湖泊的水深和盐度波动常可以直接反映有效降水的变化。④湖盆深度较大，沉积速率快，常常能够提供较大时间尺度的连续沉积记录。

由此看来，封闭性的特点使玛珥湖中除大气沉降物和自生物质之外，既无外界物质的带入，也不会有内部物质的带出，从而把古气候信息的干扰因素降到最低程度，使玛珥湖的沉积物能准确地、最大限度地记录气候环境的变化，是研究古环境、古气候和人类活动的一种不可替代的手段。

欧洲从二十世纪八十年代后期开展了玛珥湖的研究，获取了以"年"甚至"季节"为尺度的高分辨率古气候记录。其中德国 Holzmaar 湖拥有欧洲大陆最长的纹层年代，高精度的纹层年代为气候突变事件的研究提供了重要依据，据说能完整地恢复 23220 年以来的气候历史。

我国各火山发育区都有玛珥湖。仅雷州半岛就有 4 个：湖光岩、田洋、九斗洋和青桐洋。湖光岩是目前国内较为典型的玛珥湖，世界上亦称罕见。湖光岩火山 15 万年前爆发后，火山口洼地即积水成湖；湖底沉积物厚 50 多米，真实地记录了地球 10 多万年以来的古气候、古环境变化，是我国研究玛珥式火山喷发和玛珥湖形成机理的最佳场所。

湖光岩地区热带植物繁茂，野生动物出没；地下有温泉，水中含多种微量元素，其中硒含量已达饮用泉水的标准，有益人体健康；火山泥中也含有大量对人体健康有益的微量元素，可供泥浴和做泥面膜。湖滨地区负氧离子含量异常丰富。尽管对湖底沉积物的研究已取得不少成果，但仍有许多自然之谜尚待破解。

湛江湖光岩玛珥湖

谜团之一：永不干涸，能自我净化。据《雷州府志》记载，它"大旱不涸，淋雨弥月不溢"，"以水中皆黑沙石至清无垢，没肩尚可数足指纹，故亦名净湖"。故而湖水清澈见底，不脏不臭。专家认为，这是湖光岩有一个强大的磁场使之湖水具自我净化功能之故。

　　谜团之二：树叶花草落无踪。刮风下雨之后，湖畔茂密的树木花草纷纷飘落湖中，但总是消失得无影无踪。

　　谜团之三：不见蛇、蛙和蚂蟥。有道是"有水必有蛙"，而2.3平方千米的湖光岩湖，水中竟不见一只青蛙，也没有蛇和蚂蟥的踪影。

　　谜团之四：湖区皆是宝。湖光岩周围植被茂盛，一年四季鸟语花香，空气清新。特别是在水杉林区有一个负氧离子区，每立方厘米的负氧离子含量达10万多个，真是一处天然的氧吧，十分宜人。地下泉水汇集而成的湖水富含微量元素，湖底火山泥还有美容和健身的功能。

二十一世纪的土文化

　　人类依赖不足 20 厘米厚的耕层土壤，世代劳作，从而孕育了地球上的生命和文明。人类用富于创造性的劳动，开发和改造着大自然，建设着自己的家园；与此同时，人类也在污染和破坏着大自然，毁灭自己的家园。正当人口急剧增长，需要向土地索取越来越多的消费物质时，土地维持人类生存的能力却在一天天衰退下去，土壤面临 60 多亿人生存的新挑战。

伤痕累累的土壤

人类对生态平衡的破坏，导致大量的水土流失。越来越多的土壤上建起了高耸的大厦，盖起了喧闹的工厂，土壤的面积每天都在萎缩。土壤具有一定的自净能力，但由于受到各种污染（重金属、农药、放射性物质等）的危害，导致土壤不堪重负，伤痕累累。我们的土壤妈妈仿佛患上了皮肤病，伤痕累累。

土壤"病"啦！

土壤是我们生生不息的保障，土壤是庄稼的快乐老家，土壤是千家万户生金长银的指望。但近些年来，土壤似乎开始不近人情，变得板结无生气，变得吝啬起来，长出来的菜没菜味，瓜没瓜味，庄稼病害一年比一年多！

大量的科学研究和调查表明：由于长时间、过量、不合理施肥，土壤高度板结、次生盐渍严重、团粒结构遭到破坏，未被利用的肥料日积月累形成肥毒，同时抑制中微量元素的吸收和分解，造成产量下降、品质低劣。土壤自身存在的环境被人为破坏了，土壤病了！

土壤退化

土壤是农业之本，是人类生存的基础条件之一。近几十年来，人类对土壤的索求和破坏，已引起了全球土壤资源的退化。当你遇到风沙污染空气的时候，当你看到泥沙翻滚水库淤塞的时候，当你感受到一些食物污染的时候，你是否知道这是土壤退化带来的后果。

100多年前，恩格斯在《自然辩证法》一书中指出："美索不达米亚、希腊、小亚细亚以及其他各地的居民，为了想得到耕地，把森林砍完了。但他们想不到，这些土地竟成为荒芜不毛之地……"按照联合国环境规划署的全球土壤退化评价分类标准，在过去的时间里，全球大约有面积达12

亿公顷的有植被覆盖的土地发生了中等程度以上土壤退化，相当于中国和印度国土面积的总和；其中3亿公顷土地发生了严重退化，其固有的生物功能完全丧失。

土壤资源退化的最主要方式是土壤侵蚀、盐碱化和荒漠化。土壤侵蚀是指当土壤植被被清除后，在风力和水力作用下大量流失。美国农业部推测，世界上表土流失的比例为每年0.7%，总流失量达230亿吨。土壤流失正向世界范围扩展，如北非的表土通过风力越过大西洋到达美洲，而在夏威夷的毛纳罗亚每年3—5月可以观测到从中国南部飘来的尘沙。

土壤流失最直接的后果便是农作物减产，甚至形成饥荒。1983—1984年，埃塞俄比亚大旱，造成100万人因饥饿死亡。1991—1992年，非洲大陆12个国家持续干旱，约3500万人濒临死亡。专家们认为，灾难的主要原因与其说是雨量不足，倒不如说是因植被破坏造成了土壤流失。水土流失，是当今人类面临的严重问题，它既不像洪水那样凶猛，又不如地震那样强烈，而是在无声无息地破坏一个国家或一个地区的生态基础，降低土壤生产力，甚至导致民族经济衰退及文明没落。

国际土壤科学联合会土壤发生委员会副主席张甘霖博士说，土壤侵蚀是中国最主要、危害最严重的土壤退化形式。根据估算，全国每年因为侵蚀而流失的土壤物质大约为50×10^8吨，每年损失的土壤有机质以及氮、磷、钾营养元素分别为2700×10^4吨、550×10^4吨、6000吨和5×10^6吨。土壤养分因为侵蚀而损失的总量分别相当于全国年化肥施用总量中42%的氮肥、2%的磷肥和63%的钾肥所含有的有效成分。全国大约2×10^8公顷的土壤因为侵蚀而发生退化。最新的监测结果表明，在水土流失严重的黄土高原地区，平均每年流失泥沙就达16×10^8吨。根据测算，目前，黄土高原每一年流失的土层就有1厘米厚，而在自然状态下，形成1厘米厚的土壤需要100~400年的时间。历史的经验和现实的教训告诉我们，必须倾听大地的呼唤，严肃对待关系人类命运的土壤退化问题。我们作为经济高速发展的发展中国家，绝不能以牺牲自然资源和破坏环境为代价，去换取暂时的经济效益。

土壤污染

"土地是农民的命根子"，这话显然有失偏颇，应该说"土地是人类的命根子"。没有了土地，不光是农民，工人、商人、学生谁又能生活？恐怕世界万物生灵都无立足之地，难以生存。但是，一个严酷的事实摆在我们面前：土地污染日趋严重，已危及生态、食品和人体健康。据统计，随着工业化、城市化、农业集约化的快速发展，大量未经处理的废物向土地系统转移，并在自然因素的作用下汇集、残留于土壤环境中，造成土壤污染。据估计，我国受农药、重金属污染的土地面积达上千万公顷。土地污染已经对我国生态环境质量、食物安全和社会经济可持续发展构成严重威胁。我国土地污染问题及形势不容乐观。

原国家环保总局的一位人士曾如此评述："我国土壤污染的总体形势相当严峻，已对生态环境、食品安全和农业可持续发展构成威胁。一是土壤污染程度加剧。据不完全调查，目前全国受污染的耕地约有 1000 万公顷，污水灌溉污染耕地 216.8 万公顷，固体废弃物堆存占地和毁田 13.3 万公顷，合计约占耕地总面积的 1/10 以上，其中多数集中在经济较发达的地区。二是土壤污染危害巨大。据估算，全国每年遭重金属污染的粮食达 1200 万

相关链接

野火、浓烟，伴随着刺鼻的气味，数百米外的居民楼在灰色的烟雾中迎接清晨的到来。在这片小区旁边的空地上，每天都有数辆三轮车来倾倒垃圾。每隔两三天，这里的垃圾都会被焚烧一次。

河边是一片散发着臭味的垃圾场，红的、白的、黄的、灰的、黑的，各色垃圾堆满了一地。附近养殖场的几头奶牛每天踱步来到小河边喝水，然后习惯性地在垃圾场上啃啃咬咬，搜寻可果腹之物……

这不是张艺谋电影里的穷乡僻壤，也不是贾樟柯关注的边远小县，而是王久良相机镜头里的北京。在广东连州国际摄影家年展上，自由摄影师王久良以一组《垃圾围城》的作品获得了年度杰出艺术家金奖。

在消费主义泛滥的今天，在一切以 GDP 为导向的时代，王久良要实现这朴素的愿望谈何容易！他希望政府能看到这一点，好好想一想，"改变观念比下狠手处理一两个垃圾场有用得多"。他也期盼有更多的人能看到他的作品。为此，他放弃了《垃圾围城》的版权。

吨，造成的直接经济损失超过 200 亿元。土壤污染造成有害物质在农作物中积累，并通过食物链进入人体，引发各种疾病，最终危害人体健康。而且，土壤污染直接影响土壤生态系统的结构和功能，最终将对生态安全构成威胁。"

中国因农田施用化肥每年转化成污染物而进入环境的氮素达 1000 万吨之多，农产品的硝酸盐和亚硝酸盐污染十分严重。2000 年，对沈阳市出售的 24 种蔬菜调查表明，硝酸盐含量超过 750 毫克 / 千克的有 10 种，其中小白菜、芹菜、油菜、韭菜和生菜的硝酸盐含量高达 3000 毫克 / 千克以上，茼蒿中的含量更是高达 6688 毫克 / 千克，超标近 9 倍。另据上海、南京等大城市的调查，由于氮肥的不合理使用，常年食用的蔬菜硝酸盐含量多数属于 3 级和 4 级，也已达到或超过临界水平。

中国农膜污染土壤面积超过 780 万公顷，这些残存的农膜对土壤毛细管水起阻流作用，恶化土壤物理性状，影响农业产量和农产品品质。

调查还表明，全国受重金属污染的农业土地约 2500 万公顷，尤其是每年被重金属污染的粮食多达 1200 万吨。农业部环保监测系统曾对 24 省、市 320 个严重污染区 548.2 万公顷土壤调查发现，大田类农产品污染超标面积占污染区农田面积的 20％，其中重金属超标占污染土壤和农作物的80％，问题非常突出！在沈阳、广州、天津、兰州和上海等许多重点地区，土壤及地下水污染已经导致癌症等疾病的发病率和死亡率明显高于没有污染的对照区。

当前我国农产品质量与安全问题，越来越引起社会广泛关注。引发农产品质量不良的因素，包括自然与人为两个方面，其中生态环境即水、土、气、生等方面的污染，是导致农产品品质不良的重要根源。以往人们关注的是"蓝天、碧水"，认为只要天蓝、水碧，就能保证农业环境及其产品质量安全。岂不知，除了"蓝天、碧水"，更重要的是保证土壤质量的安全，只有保证了"净土"，才能保证"洁食"，才能保证人类生命的健康与安全，最终才能保障整个社会的稳定与发展。相反，如果没有"净土"，土壤中的有害气体将影响大气，土壤中的有毒物质也会影响到水体，致使天不再蓝，水不再碧，即使天蓝、水碧，也会有毒害物质飘在空中，溶在水中，或进入土中。因此，对农产品质量安全而言，"净土、洁食"比"蓝天、碧水"更加重要，是重要的战略性安全问题。

土地污染极大地冲击着作为弱势产业的农业和弱势群体的农民，这一问题目前已十分显著。然而工业、第三产业也不能幸免，只不过目前还处于隐性期罢了。而"城里人"已经受到土地污染的报复。因此，不注意保护环境，对土地污染，实际上就是人类在进行"慢性自杀"，且形成了恶性循环。只有拥有一片净土，13亿人才能吃上放心粮、放心菜、放心果，才能喝上放心水，我国的经济建设才能快速、持续、健康发展。

化学定时炸弹

地处中欧的德国，生长着茂密的黑松林，一望无际，郁郁葱葱，是各种动物的家园，也是游人们的天堂。但是在二十世纪八十年代初，德国西

相关链接

所谓的"化学定时炸弹"，即当污染物逐步积累，其浓度超过了临界值，或由于土地利用方式改变使土壤的物理化学条件发生变化时，平时较难溶解（无环境危害）的某些特殊盐类、碳酸盐结合态、铁锰氧化物结合态、有机结合态和残留态等，会逐步向更容易溶解和被植物吸收的有害状态转化，这样的转化都可能使大量有害物质游离出来，突破一系列临界点而引爆化学定时炸弹。

相对于大气和水而言，土壤的污染短时间不会立竿见影，化学物质在土壤中的累积，在一定时期内不表现为危害。因此，不少人把土壤当成了藏污纳垢的无底洞。他们不知道当储存量超过土壤承受能力的限度，或者当气候、土地利用方式发生改变时，污染物会突然活化，导致不可逆转的灾难！科学家将这种经过长期积累而突然爆发的地球化学灾害形象地比喻为"化学定时炸弹"。

专家们说，现在人们还远未认识到这枚"炸弹"爆发的威力和性能，以为重新获得"蓝天碧水"就可以高枕无忧了；殊不知土壤的污染是一种"终极污染"，污染容易清污难啊！既是"定时炸弹"，不彻底解决问题，光有"青山绿水"也远"水"解不了近"渴"，土中的炸弹总有一天还是要爆炸的！

部的黑松林突然开始莫名其妙地大片死亡，当地的人们一筹莫展。后来，科学家们找到了原因：由于两个世纪的工业化，工业生产中的酸性物质在土壤中大量累积，直至森林土壤承受并中和酸性物质的能力达于极限，大量土壤中的铝元素活化，最后导致了森林的大片死亡。

在我国许多地方已形成了农药不断加量，害虫不断增加，残留不断严重的怪圈。长期重复使用同一农药，具有能降解此种农药的土壤微生物将大量繁殖，使药效大大降低，也增强了害虫的抗药性，有几种害虫甚至达到"无药可救"的地步，进一步导致加大农药用量和加多使用次数，最终土壤中的农药残留量愈来愈多。

残留在土壤中的农药愈来愈多，就像一颗定时炸弹，到达一定时间，突然爆炸，结局是寸草不生，生物灭绝，形成一个寂静的春天。根据农药污染事件造成田园荒芜的例子，就可预见到化学定时炸弹的危险未来。农药厂周围土地肯定受农药污染最严重。如果我们到农药厂周围看看就能知道什么叫土地荒芜，什么叫良田变寸草不生，地上看不见蚂蚁，天上看不见飞禽，真是寂静的春天的真实写照。

土地的被"崇拜"

这里说的是与土有关的另一种"污染"。

现在许多地方的工业化、城市化，实际上还在沿袭平面扩张的道路，无节制地使用土地、蚕食耕地，这就使中国人多地少的国情雪上加霜。更令人无法忍受的是，一些地方以"发展"的名义，成百上千亩地占用良田，推平了土地"晒太阳"，或者上了一大堆盲目投资、低水平重复建设的"垃圾项目"。拿珍稀的耕地换这种"垃圾项目"，不仅浪费土地，而且浪费资金和劳动力，这更是焚琴煮鹤的愚蠢行为。

中国耕地传承 5000 年

在村民耕地上建起的别墅

而未遭大的破坏，曾被认为是世界的一个奇迹。如今，这一奇迹正在受到工业化、城市化进程和人为破坏的巨大威胁。而人口的持续增长和加速现代化的需求，给土地资源带来了巨大压力；加上土地荒漠化、水土流失、土壤污染等因素，使中国的人地矛盾处于高度紧张状态。任其发展，中国的发展还能持续多久呢？

但存方寸地　留与子孙耕

地球上的一切生命都依赖着覆盖于其表面的一层脆弱松散的泥土。没有它，生物就永远不会从海洋里爬上来，就不会有植物、农作物、森林、动物和人类。这层宝贵的表土，犹如地球的地膜，对她的破坏是终极性的。如果不加以重视，化学定时炸弹一旦爆炸，巨大的灾难将会发生。保护土壤，刻不容缓！

新的挑战

二十世纪六十年代以来，世界性人口急剧增长，引起了人口、资源与环境的三大矛盾，土壤在这三大世界性矛盾中占有极其重要的地位，因为它既是资源，又是环境因素。由于土壤环境的特殊物质组成、结构、空间位置，除了肥力，尚具有另外一些重要的客观属性：土壤环境的缓冲性、同化和净化性能。这些性能使土壤在稳定和保护人类生存环境中起着极为重要的作用，在某种程度上这种重要性并不亚于土壤肥力对于人类生存发展的意义。现在，环境问题正日趋严重，日益困扰和威胁人类的生活。此时，加强对土壤环境的研究和认识，就不仅仅是土壤环境保护的需要，而是保护全球环境的需要，也是使人类社会经济与环境协同、持久而永续发展的需要。土壤的服务对象正在日益扩大，已从单纯或者说主要着重于农业生产的土壤学，扩展到环境生态建设、资源合理利用、农业持续发展等领域。

因此二十一世纪土壤科学面临着如下挑战：

来自人口膨胀的挑战——如何保证粮食的持续增产；

来自全球生态环境的挑战——如何保持土壤的生态健康功能，建立良好生态环境；

来自土壤学自身发展的挑战——加强基础研究，加速新技术在土壤学领域内的应用；

社会对土壤学认同的挑战——强化土壤资源在国民经济中的战略地位；

立足于为解决人类的吃饭问题和环境健康问题服务。

在中国，农业和生态环境是中国社会可持续发展过程中必须面临的两大问题，这种现实决定了土壤资源保护的极端重要性。世界上大的发达国家没有中国这样尖锐的人地矛盾，我们对土壤资源的保护要达到比欧美发达国家更高的目标，即在经济快速发展和农业高度集约化生产条件下，既要保持农作物的高产出和高质量，又要保证投入的高效益和生产过程的环境友好。

拯救"土壤妈妈"

土壤圈是一层被覆于地球陆地表面，能生长植物的疏松表层。植物生长发育所需的水分和养分，一般都是从土壤获取。同时，土壤还是支撑植物生长的基底。古人说："皮之不存，毛将焉附？"我们也可以说："土之不存，树将焉附？"所以，土壤与植物是息息相关的。

当然，土壤圈并不是专为植物生长而设的。由于它位于大气圈、水圈、岩石圈和生物圈的交换地带，是连接无机界和有机界的枢纽，因此具有极为重要的作用。它有净化、降解、消纳各种污染物的功能：大气圈的污染物可降落到土壤中，水圈的污染物通过灌溉也能进入土壤。但是土壤圈的这种功能是有限的，如果污染超过了它能容纳的限度，土壤也会通过其他途径释放污染物。例如，通过地表径流进入河流或渗入地下水使水圈受污染，或者通过空气交换将污染物扩散到大气圈；生长在土壤之上的植物吸收了被污染的土壤中的养分，其生长和品质也会受到影响……我们人类也生活在土地上，我们的一切活动都是由"脚踏实地"开始的，我们的生存也离不开土地滋养的植物。因此，我们必须清楚土壤的重要性，珍惜我们脚下的土壤，否则，可真要"土之不存，人将焉附"了。

土壤是人类赖以生存的自然资源，是许多食物、纤维和生活资料的生产基地。中国古语称"万物土中生"和"人杰地灵"，这说明人与土壤息息相关的联系。"民以食为天，食以土为本"，这句古谚更是精辟地概括了土壤对我们人类生存和发展的重要性及人类－农业－土壤之间的关系：农业是人类生存的基础，而土壤是农业的基础。我们都知道饭桌上的菜肴十分丰富，可是我们想过没有，我们的土壤生病了，经过农业专家诊断结果表明，土壤得了初期绝症。土壤绝症，它严重危害我们人类健康，如果不及时加以治疗，养育我们的土地就将失去生命。破坏土壤资源就是吃祖宗的饭，断子孙的路。

　　据科学家推算，在无人扰动的正常情况下，形成1米厚的土层就需要1.2万~4万年，而在水土流失严重地区，每年流失土层1厘米，100年就流失1米厚的土层，流失速度比成土速度快120~140倍。如若任其不断流失，不仅影响当代人的生产、生活，还将影响到我们子孙后代和民族的生存。保持水土确实是利在当代，功在千秋啊！所以，拯救土壤就是拯救人类自己。

　　由于我国可供开垦的后备土壤资源已十分有限，随着人口的增长，我们所面临的土壤资源短缺的压力将愈来愈大。要实现食物的安全目标，就要维持单位面积的高产和增产，以保障社会对粮食以及其他农产品的需求。在这种现实条件下，土壤的高强度利用和农用化学品的高投入是不可避免的。中国已经是世界上土壤资源利用强度最高的国家之一，而高强度的土壤利用和不合理的管理技术，已经导致许多地区土壤质量发生退化。在一些生态脆弱区，水土流失和荒漠化面积不断扩大；在有些农业主产区，土壤养分非均衡化和土壤酸化趋势明显加剧，土壤生产力下降。而外源物质（化肥、农药、污染物等）大量进入农田，也增加了农产品中有害物质超标、水体水质下降、温室气体排放增加的风险。因此，土壤资源的合理利用和保护是关系到中华民族生存和发展的重大战略问题，我国政府必须切实加以解决。

关爱土壤就是关爱人民

　　城市化是人类社会发展与变革的重要过程，已成为当今世界一种重要的社会、经济现象。目前，中国正经历着快速的城市化过程，并呈现出进一步加速的趋势，其规模和速度是前所未有的。然而，在促进社会经济高速发展的同时，城市化也直接导致周边地区自然资源的大量消耗、能源的集中消费及污染物的集中释放，对资源环境与生态系统产生巨大消极影响，为区域可持续发展带来严峻挑战。

土壤作为一种支撑并维护生活的不可再生性自然资源，是人类生存与发展不可脱离的物质基础。在城市化快速发展过程中，土壤正遭受有史以来最为深刻持久的人为活动的影响，农业土壤资源正以空前的速度失去生产力功能而转化为城镇建设用地。城市化过程以及城市生产与生活活动导致周边土壤肥力水平下降、土壤环境与健康质量恶化，土壤资源与环境正面临巨大压力。在土壤资源严重短缺的中国，如何协调经济高速增长和城市化发展与土壤资源的合理利用及保护，正在成为受到广泛关注的议题和当前所面临的严峻挑战，也是实现城乡经济、社会可持续发展所必须解决的关键问题之一。

因此，我们要确立关爱土壤的观点。土地是极其宝贵的自然资源，没有土壤生命无法从海洋进入陆地，失去土壤地球将倒退回一个无生命的天体。所以，拯救土壤就是拯救人类自己。从古代以"五色土"为标志的"社稷坛"到深入边远乡村的"土地庙"，都反映了人们对土地的尊敬、关爱和企盼。虽然现代科技迅猛发展，但我们的食物来源仍离不开土壤。我们要反对"挥金如土"，大力倡导"惜土如金"。

为达到上述目的，要建立土地资源动态监测系统，主要包括土壤退化监测网点的建立、3S技术和信息系统的应用、开展土壤退化趋势的预警等，使我国土地资源变化的信息直接为各级政府和决策者所掌握，以便及时有序采取措施，进一步加强保护土地资源的法规。保护土地资源的各项法规在保护土地资源不被滥用和侵占方面起到了重要的作用，但所有这些法规不仅要保护土地资源的数量不再减少，更重要的是要维护土地资源的质量，以保证粮食和食品的安全。

保障食品安全从土壤抓起

千百年来，我们的祖先对土壤的态度是尊重和爱惜的。有一位美国人曾感慨地说："中国人在自己的土地上耕耘了数千年，可他们脚下的土壤依然肥沃，生长着庄稼。这表明中国人知道怎样保护土地，而这正是许多西方国家的人们所不懂的知识。"还有一位德国人说："中国是块宝地，随便一挖就有古董。"我们的祖先没有给我们留下"垃圾"。

2009 年 6 月 1 日，《中华人民共和国食品安全法》正式实施。它强调从源头上保障食用农产品的安全，强调农药、肥料、饲料和饲料添加剂等农业投入品的安全。其实，农产品安全最初的环节——土地质量更加不可忽视，如果身处食品产业链源头的土壤受到污染，那无公害、绿色农业、优势农产品生产基地、标准化农产品原产地的布局和规划就无从谈起。

土壤污染在很长的历史时期内被人忽视，其原因是此类污染非常隐蔽。那么，如何才能发现被污染的土壤？

为土壤做"体检"的武器是生态地球化学。用状似手枪的土壤重金属分析仪器照射土壤，土壤中有害物质含量等多种信息便会反馈到仪器中，并直接传输至电脑软件，标示在电脑地图的相应位置上。以后所有的土壤信息都将会有一个形象的、全面的分析存储，成为农业种植的参考依据。这就是整个土壤检测的过程。

1999—2001 年，中国地质调查局先后在珠江三角洲、江汉平原、成都盆地进行多目标生态地球化学调查试点工作，发现局部土壤遭受有害重金属元素污染，严重威胁人体健康。我国土壤地球化学状况不乐观的现实引起了有关部门的高度重视，要求国土资源部和有关方面查清土壤地球化学状况恶化的原因，并提出综合治理意见。

2006 年，全国土壤现状调查和污染防治专项工作正式启动。此次普查的关键词是"污染"：全面、系统、准确掌握全国基本农田保护区和粮食主产区土壤环境质量总体状况，查明重点地区土壤污染类型、程度和原因，评估土壤污染风险，确定土壤环境安全等级，筛选并试点示范污染土壤修复技术，构建适合我国国情的土壤污染防治法律法规及标准体系，提升土壤环境监管能力。

截至 2008 年年底，已完成 160 万平方千米的土壤调查，基本查明了土壤的有益和有害组分 54 种元素的指标组成、类型、含量、强度及其分布地区和范围，填补了我国长期以来土地各项元素指标的空白；查清了土地有益和有害组分的成因、来源、迁移转化、生态效应和变化趋势等，为土地质量评估提供科学依据。

如今，全国的土壤污染状况正在逐渐清晰。

有关研究指出，最近的30年是全国土壤污染的加速期，说明土壤污染与人类活动有着密切关系。空间分布上东部发达地区污染最严重，往西污染程度渐轻；土壤污染与大江大河的分布基本重合，表明土壤污染与水的污染密切相关；城市的土壤污染较农村严重；矿山和化工区周边的污染严重。总体上说明经济活动是威胁净土的最大污染源。

有了精确的"诊断"，才能对症下药：许多地方根据土壤的"体检"结果，调整了农产品的种类和布局，因地制宜发展优势农业和生态农业。上海地区经普查后，将农田分为四个质量等级：一类、二类属较为安全的农田，可生产优质农产品和出口农产品；三类属需改造的农田，以平衡和纠偏的方式调整基本成分和结构，将土质中超标的重金属和有机物控制在安全水平之内，以保证农产品的食用安全；四类农田属不安全农田，不再生产食用农产品，可供林地和花卉基地之用。

由于土壤中的重金属多具有不可逆性，不能降解，因而土壤污染尤其是重金属污染治理成本高且很难彻底根除。根据土壤重金属成分在烟叶等一些作物中高倍富集的规律，专家建议在高含量镉、汞、铅的土壤上种植此类植物，以净化土壤。

让人们无限憧憬的是，应用生态地球化学于土壤调查和污染治理方面的实践才刚刚开始。可以预想，地质工作者将以更广泛而细致的工作，为人们的餐桌安全把好第一道"关卡"。

善待"一方水土"

常言道，一方水土养一方人。仔细琢磨一下，这句话的前提应该是一方水土一方人养，其中道理不用多说。需要明确的是，这一方人是谁呢？正是你、我、他、大家。那些简单而又至关重要的事物，即那些无论是对普遍的生命还是对更为特殊的自然平衡而言，都是最基本的事物却被我们所忽视。土壤就是其中的一例。今天，全世界已经出现土壤恶化现象。土壤恶化所导致的土地资源稀缺和土壤不可再生或再生性降低，引发了人们对个体与个体、社会与社会间矛盾冲突的担忧。土壤问题将是人类在第三个千年中需要面对的严重挑战之一。

这种情形必须得到改变。土壤应该重新获得其作为人类自然文化遗产之一的地位。

1998 年 5 月，在"负责任的统一世界联盟"土壤动员计划与法兰西帕克思·克斯蒂组织的倡导下，在法国克兰让达尔举行了"土壤，文化与宗教"专题讨论会，最终一致通过《克兰让达尔土壤宣言》，希望它能够激发促使现代社会重新建立人类与土壤的和谐关系的激情。人们应该认识到土壤是无数生命循环的起点和终点，也是生命循环的基础之一。保护土壤即

相关链接

克兰让达尔土壤宣言（节选）

一、我们发现

1. 科学知识可以让人们更好地理解土壤对地球生命和自然平衡以及对个人、社会和不同人类活动的重要作用，也让人们更好地确定土壤这种自然资源所面临的威胁。

2. 本次讨论会涉及的各文化、宗教都十分重视土壤，并提倡尊重这种资源。但是现实生活中我们并没有做到尊重和保护土壤。

3. 公众和那些直接管理使用土地的人普遍缺乏对土壤重要性和价值的认识。

二、我们认为

土地是人类社会生命、福利和繁荣的源泉，无论科学技术已经和即将取得何等伟大的成就，土壤永远都应该是人类进步的最重要基础。

在保持文化和思想多样性的同时，我们应对自己和子孙后代负有保护土壤及其功用的责任。

为了这个使命，我们首先应该改变我们对土壤的日常行为方式。

三、我们呼吁

重视文化和民间传统关于土地、土壤的知识，因为他们能够激发我们尊重这种资源，避免我们再用重商主义的态度来看待她。……

是保护我们自己的生命。

值得欣慰的是，关爱土壤、善待一方水土已逐渐成为共识。2009年12月，在庄严的人民大会堂隆重举行"中国农资质量万里行——中国首家土地专家医院走进农家服务大讲堂新闻发布暨授旗启程仪式"，高举起拯救土壤的大旗，让土壤疏松、透气、活起来，只有大地乐才能五谷丰登。"泰山不让土壤，故能成其大；河海不择细流，故能就其深"，讲的是积微成著之理；个人的力量可能很小，当大家都来善待一方水土的时候，就会从量变促质变，实现我们期望的人与自然共生共处，和谐发展。

数字土壤

随着计算机高新技术的飞速发展，"数字技术"已经不是一种概念，在许多领域进入了实际应用阶段。"数字土壤"也随之应运而生。所谓"数字土壤"，就是将地理信息系统（GIS）和全球定位系统（GPS）等现代信息技术运用于土壤科学，整合和应用土壤资源数据，是耕地地力评价、土壤养分资源管理、农业区划等工作的直接基础。中国目前已利用现有调查资料完成了全国1100多个县的高精度数字土壤建设，即在计算机上模拟并三维重现了分布全国各地的土壤特性。这一成果将在农业种植、大气环境、水污染、粮食安全等多项研究中发挥重要作用。

数字土壤博物馆指利用现代信息技术对土壤资源相关的标本、文字、场地和科学数据等多媒体信息

土壤有机质含量分布图

比例尺：1:1000

土壤速效氮含量分布图

比例尺：1:1000

土壤速效磷含量分布图

比例尺：1:1000

数字土壤图

进行采集、保护、管理、传播和利用，从而形成传播土壤科学知识的信息服务体系。数字土壤博物馆也称为数字化土壤博物馆或虚拟土壤博物馆，它是土壤科学博物馆发展的有机组成部分和一个新的表现手段。如中国农业大学建立了农业数字博物馆，下分昆虫分馆、土壤分馆、畜牧分馆和农作物分馆。土壤分馆里设土壤起源厅、土壤与生态厅、土壤利用厅、土壤类型厅和3D空间，形象地展示了美丽的五色土。

基于计算机技术和现代通信技术构建数字土壤科学博物馆是公众了解土壤科学的平台，解决了传统博物馆内部的藏品保护与藏品利用的矛盾，在时间和空间上进行了无限延伸和扩展。通过虚拟现实技术能够创建与现实土壤类似的环境，满足了展示媒体的情景化及自然交互性的要求，极大地扩展了土壤博物馆的研究、教育、科普、宣传职能。土壤科学博物馆具有显著专业特色、科普特色与文化特色，必将在传播知识、传递文明、弘扬文化中发挥其独特作用，是传统土壤科学研究和发挥其社会效益的有益实践。

新世纪的土文化

伤痕累累，污染严重，我们的大地母亲是不是就"气息奄奄"，没有救了呢？不是的。

出路在哪里？出路就在于应该赋予大地母亲以"文化"，高度关注各民族的各种地方性知识，致力于发掘、整理和利用地方性知识去开展生态维护。发掘利用地方性知识去维护生态环境，不会损及任何一种民族的文化，也不会打乱文化多元并存的格局。同时以足够清醒的头脑反思，批判与生俱来的民族痼疾，以充分的信心找出传统文化与现代文化的联结点，弘扬崇土传统文化和思想感情，去爱惜每一寸土地，保护大自然，保护五色土，我们的生态文明定会绽放在多种文化的厚土上。

农业文化遗产的保护

中华民族的祖先在历史上所创造出的丰厚的农业文化遗产，如北京京西稻作文化系统、浙江云和梯田农业系统等，不但使我们这个土地贫瘠、自然条件并不算十分优越的古老国度，在数千年间实现了超稳定发展，同时我们的祖先也通过利用施用农家肥、轮种、套种等传统技术，基本上实现了对土地的永续利用。但没有想到的是，随着化肥、农药等西方现代文明因素莽撞介入，我们的土地在短短的30多年中，便已出现了硬化、板结、地力下降、酸碱度失衡、有毒物质超标等一系列问题！在此，我们不得不说：农业文化遗产的保护刻不容缓！

传统农耕技术与经验的保护

在传统农业文化遗产保护工作中，对育种、耕种、灌溉、排涝、病虫害防治、收割储藏等农业生产经验的保护是我们保护工作的重中之重。作为传统农业生产经验实质，它所强调的是天人合一和可持续发展。在尊重自然的基础上，巧用自然，从而实现了对自然界的零排放。我们需要做的第一件工作就是深入调查，摸清家底，利用口述史、多媒体技术等方式，将流传了数千年之久的农业生产技术全面地记录下来、传承下去。这些传统智慧与经验主要保存在70岁以上的老庄稼把式手中，这一社会群体应该成为我们调查和保护的重点。

传统农业生产工具的保护

传统农业生产工具代表着一个时代或是一个地域的农业科技化发展水平。传统农耕技术所使用的基本动力来自自然，几乎可以做到无本经营。它在满足农村加工业、灌溉业所需能量的同时，也有效地避免了工业文明所带来的各种污染和巨大的能源消耗。我们没有理由随意消灭它，也不应该简单地以一种文明取代另一种文明。我们的任务：一是保护，二是研究，三是发展。在有条件的地区，可以通过兴办农具博物馆的方式，将这些农具保护起来。这种专题博物馆投资少，见效快，搜集容易，是保护农业文化遗产的一种比较有效的手段。

传统农业生产制度的保护

农业生产制度是人类为维护农耕生产秩序而制定出来的一系列规则（包括以乡规民约为代表的民间习惯法）、道德伦理规范以及相应的民间禁忌等。它的建立为人类维护农业生产秩序发挥了重要作用。历史已经证明，只有农业生产技术，而没有一套完备的农业生产制度，农业生产是不可能获得可持续发展的。

农业非物质文化遗产实施综合保护

在中国传统文化中，还有不少非物质的文化遗产，譬如农耕信仰、民间文化艺术等。

农业信仰是中国 56 个民族在数千年的农业生产中的心理支柱。这些神灵在维系传统农耕社会秩序和道德秩序方面，曾发挥过十分重要的作用。没有信仰作为依托，传统的农耕文明就不可能实现稳定发展。农业信仰包括各地口头传诵的农谚、对农业节气的信任、农业节日等。

中国农业社会时期的民间文化艺术更是很多很多。譬如民间的歌舞、说唱、耍龙、舞狮、龙舟以及多种形式的农业体育活动，实际上它们既是整个中国传统文化的一个组成部分，也是农业生产中劳逸结合、调节精神、健全体魄和喜庆丰收的重要手段，是非物质文化遗产中一种不可或缺的组成部分。

特有农作物品种的保护

在经济全球化的今天，随着优良品种的普及，农作物品种呈现出明显的单一化倾向。从好的方面来说，这种优良品种的普及，为我们提高农作物单位面积产量奠定了基础。但从另一方面看，农作物品种的单一化，不但为农作物病虫害的快速传播创造条件，同时也影响了当代人对农产品口味的多重选择，更为重要的是农作物品种单一化还会影响到全球物种的多样性，从而给人类带来更大灾难。为避免类似情况发生，可以考虑在建立国家物种基因库保护农作物品种的同时，明确地告诉农民有意识地保留某些农作物品种，为日后农作物品种的更新留下更多的种源。

据专家介绍，台湾一些农村地区正在收集土犁、土磨、碾子等以前扔掉的东西，建立一些小型的农业博物馆；把好多东西集中起来，组织民众参观和旅游，使人们更加认识到它们的价值，了解它们在社会发展中的作用。还有很多其他文化遗产，通过旅游、参观和交流可以创造出更多的价值，也利于对它们的保护。

有关专家提出了一种农业文化遗产保护的新思路：强调动态保护、适应性管理，既要保护农业文化遗产，也要促进当地经济的发展和居民生活水平的提高，而不是让他们保持在低水平上；一切保护农业文化遗产的目的都应该是惠民、利民，有助于提高民众的科学文化素质，提高大多数人的物质生活水平和文明程度。

在那些地理偏僻、生态脆弱、耕作条件相对较差的地方，可以适当保留传统的耕作方式及农耕文化，并通过多功能价值的挖掘促进当地经济的发展和农民生活水平的提高。譬如在农业机械难以施展"才华"和极易造成水土流失、土地退化的山区，就可以让某些传统的耕作方式当家。像红河的稻作梯田、青田的稻田养鱼、从江的稻鱼鸭、万年的贡米生产基地等。这样的生产方式，既适合那里的自然条件，也可以满足当地社会经济与文化发展的需要，有利于促进区域可持续发展。

全球重要农业文化遗产项目之一——浙江省青田县"传统稻鱼共生农业系统"中的撮鱼场景

土文化的新生

案例一：哈尼梯田的前生今世

延绵千年封闭的农耕自然经济和传统社会模式，使得哈尼人与土地结下了不解之缘。他们世居其土，世勤其畴，春耕夏锄，秋收冬藏，男耕女织，自得其乐。这种人土相依的经济关系的结果是"其民浑太朴，唯土物是爱，故能臧厥心；唯本业是崇，是以无末作，尽力田亩"。崇尚农业是整个哈尼族的社会风尚。他们淳朴俭约，不事华靡，随居而安，节制贪欲，以言利为耻。

哈尼族农耕活动的最大特点是人与土地的紧密结合。这种人土结合不仅产生了人土相依的物质生产关系，还产生人依赖土地的精神关系——土地崇拜。没有谁能比终日与土地打交道的哈尼人更真切地感受到大地非凡的繁殖能力并受其"恩惠"。当他们从地里获得收成时，喜出望外，还不能意识到自己创造的结果，反而归功于土地，对它的"施舍"感恩戴德，撮取一点新收的果实祭献于土地，以便求得更多的"施舍"；他们规定出种种关于土地的禁忌，以免无意中触犯神灵而断绝"施舍"。当事情恰好如愿以偿时，他们就更加笃信自己的经验，更加虔诚地举行各种崇土活动。即便事与愿违，也绝不会气馁。周而复始，缓慢冗长的生产秩序培养了他们的等待精神。他们以极好的耐心等待着奇迹，甚至不惜动用禽畜作牺牲去讨好神灵，直至达到目的。显然，这种土地崇拜是在先民开创农耕文明时代就自然地孕育产生的，并随着农耕文化的逐渐南移而不断向南扩散。

哈尼人靠山吃山，这梯田养育了无数代哈尼人的生命。但由于人口剧增，祖先开垦的梯田难以养活激增的人口，人地矛盾日益尖锐化。为了物质生活的需要，哈尼人拼命地开垦新的梯田。但今天的哈尼山寨，可供垦田的土地也所剩无几了。在这个以农作物为主要食物来源的社会里，人均耕地面积已下降到六七分左右。迄今为止，在哈尼族聚居的滇南边境一带山区，伐木烧荒、"刀耕火种"，原始粗放的耕作方式仍在继续中，一座座青山不断被"吃掉"。一个有着数千年守土如命崇土历史的民族，除杀牲祭地、携土思乡之外，居然不知道如何珍惜、保护自己的土地。如此下去，总有一天，这个土生土长的山居农耕民族不仅会受到土地的束缚，"飞不上天"，而且连立足之地也会丧失的。

哈尼族是红土地孕育出来的民族，并不注定是一个陷入红土地而不能自拔的民族。经两相比较，哈尼人理智地看出了传统梯田业的优劣，认识到传统农业与现代农业之间的差距，现代农业的科学种田与管理、改良新品种、革新生产工具及调整产业结构等一系列旨在提高现有梯田面积的内在潜力，增加梯田耕作的科技含量等新举措，纷纷被哈尼人所采用。哈尼人终于接受生态农业、立体农业以及环保农业等全新的概念，从过去单一经营稻谷生产结构，开始走向农、林、牧、副、渔交融发展的立体梯田农业，从而使哈尼梯田展现出乐观的发展前景。

案例二：抚今忆昔话大寨

客观地说，"梯田"不是大寨的发明。

在中国汉文化区，"梯田"之名出现于宋代。菲律宾的伊富高梯田距今已有 2000 多年的历史，1995 年被列入世界遗产名录。中国著名的梯田如云南哈尼梯田、湖南紫鹊界梯田，这些梯田个个景色绮丽。

作为贯彻落实"农业八字宪法"的典范，"大寨道路"的主要物质成果是"治山改土""人工水平梯田""水平竹节沟""人造小平原""人造海绵田"等。

农业合作化之前，大寨人吃饭全靠虎头山上的庄稼地，山坡上沟壑纵横，大寨全村 800 亩庄稼地分 4700 块，散布在"七沟八梁一面坡"上。

1952 年，老支书贾进才让贤，陈永贵成了大寨领头人。"三天无雨苗发黄，下点急雨土冲光"，一亩地打百斤粮食。为了吃饭，陈永贵领着大寨人会战虎头山上，取石垒坝，坝里填土造地造"平原"。从 1957—1962 年，大寨的 4700 块"疙瘩地"变成了台阶似的 2900 块"小平原"。

1963 年，大寨遭受百年不遇的特大洪涝灾害，梯田大面积受损，他们将自留地收归集体，统一耕作，再次掀起耕地大会战。1966 年，又集中建设高标准梯田，将梯田整修成了"堰高如枕，地平如镜"的活土层厚的"海绵田"。到 1977 年时，2900 块"小平原"又变成了 970 块"大平原"。跑土、跑水、跑肥的"三跑田"改造成了保土、保水、保肥的"三保田"，亩产由"百余斤"猛增到"五百多斤"，赶上了黄河以南的亩产，戏称大寨"跨过了黄河"。

大寨人在造梯田的过程中还收获了一种精神，叫"艰苦奋斗，自力更生"，所以才有了 1964 年的全国"农业学大寨"热潮。

在全国第三次文物普查中，大寨梯田成了文物，被登记成"不可移动文物"纳入农业遗产范畴。大寨梯田之所以成为文物，是因为建造大寨梯田的大寨人走集体化道路，自力更生，艰苦奋斗，改变了生产条件，使大寨梯田具备了文物的价值，有重要的纪念意义。

大寨梯田退耕为林

经过改革开放 30 多年的洗礼，大寨早已撩去神秘的光环，回归山村本色，走上了奔小康的快车道。现在的大寨已经成为一个优美的公园山村。层层梯田庄稼葱绿，田田池水波光潋滟，人造森林郁郁葱葱，处处果园硕果累累；窑洞整齐，街道干净清洁，人民热情好客；交通、通信条件大为改善，已经是一个成熟的农业旅游区。经济发展也进入了良性循环，现今一个大寨的经济收入相当于鼎盛时期的 440 多个大寨。那八百亩"海绵田"，如今有一半退耕还林。大寨村中操着不同口音的人三五成群，不过他们不再是来此"取经"的参观团，而是来自四面八方的旅游团。

所有这些，就是实实在在的大寨，实实在在的中国。任何人或者事物都无法摆脱其所处的时代。无论是过去的辉煌、焦虑，还是如今的从容，

二十世纪六十年代的大寨

改革开放后的大寨

大寨回归山村本色，走上了奔小康的快车道

二十一世纪之初的大寨新貌

无论是偶然的历史际遇还是时代大潮席卷下的奋争，都是大寨和大寨人的抉择。

案例三：开平农民土地意识变迁四部曲

抛荒：2000年前后，受珠三角地区城市化进程的影响，愈来愈多的青壮年劳动力进城打工或者做生意。和很多内地农村一样，开平碉楼村落内的农村社会只留下老人、妇女和小孩。由于缺少劳动力，很多的农民将土地直接送给其他村民，或者干脆直接撂荒。这抛荒潮像八月十五的大潮般涌来。

一般来说，在土地上生活的时间愈长，对土地的本土意识就愈强。在全国性的农民工入城打工热潮下，村民们选择走出农村是顺应了时代的变化，年轻人在土地上生活的时间相对较短，土地意识本身较弱，又因外出打工等减少了在当地生活的时间，土地意识自然日益淡漠，抛荒成了他们很自然的选择。

卖地：随着开平旅游业发展起步，碉楼村落附近的土地有了新的价值。旅游业开发需要土地，政府开始向农民采取非强制性征地。面对新的土地需求和荒废的土地，部分农民开始出卖土地。通过卖地，农民可以获得划拨地补偿或经济补偿。划拨地补偿指政府另找等额土地进行交换，而经济补偿则是根据征地用途差异提供数额不等的经济补偿，这也是当时最重要的补偿方式。如碉楼村中用于铺路的土地补偿每亩7000元，而在立园门外用于景区扩建的征地，则每亩补偿1000元以上。

此外，开平的抛荒现象也引起外来投资商的注意，有几位台湾投资商从立园附近的农民手中租得大片土地种植果树，每年按总面积给予补偿，分给村里所有拥有该村户口的人，人均也是1000元左右。

在中国农民的传统观念中，土地是一个农村家庭最宝贵的财产，土地作为一种家族财产代代相传，卖地是不孝的，是触犯了传统伦理道德的，是"好儿子不做"的事。然而，开平市政府向农民征地的过程中，并没有受到农民的抵制，大部分村民甚至是非常高兴地接受了"拿补偿金，不用再种地"这一事实。另外，由于租地的高额回报，把土地租给外地人做果园也得到了村民的踊跃支持。农民卖地意味着放弃了耕种土地的权利，农活量和以前相比大量减少，有的甚至完全脱离农耕生活，传统的土地意识在农民与土地的脱离过程中降至低点。

代耕：随着开平旅游业的进一步发展，开平碉楼村落的农民出现了代耕现象。开平碉楼与村落被评为世界文化遗产前后，大量游客涌入开平碉楼村落，当地村民很容易地获得了更轻松的工作方式，立园的村民开特产店，自力村村民开特产店、农家饭，马降龙村的村民则较多进入景区做看守碉楼、打扫卫生等工作。据马降龙村村民讲，村里还有很多家庭旅馆，只是因为各种原因并未公开宣传。参与旅游业的村民中，有的完全放弃了耕种土地，更多的则是"兼职农民"。旅游发展为当地农民提供了不需要离开家乡土地的就业机会，部分村民在从事旅游业的同时拥有自己的土地，但自己不一定亲自参加全部劳动，而是请人代耕。代耕现象在开平已经比较普遍。由于旅游业发展给村民带来了新的就业方式，连农民们自己也难以回答种地和旅游业工作这两者哪一份才是正职工作。白天做旅游工作，傍晚回家种地；农忙时种地为主，农闲时工作为主；平时工作种地两不误，忙不过来了就请人、租机器做农活——这些都是村民们已经逐渐习惯的做法。如立园的一位清洁工所言："每星期有四天假期，每天中午还有两个半小时的休息，完全可以利用这些时间把农活干完。"自力村的一位阿婆也表示，做农活"很轻松""很容易"。按照村民自己的话来说，现在种地不同以往了，很轻松的。实在嫌累或者没时间的话，可以请人代耕，收割时还可以租用收割机一天把所有收割工作完成。通过租机器、请人，现代耕种已经不再是很复杂、很劳累的事情。自力村的一位年轻的导游所说："（我们出来工作）没有（人种地）了，就请人咯，请本村的人咯，45块（元）一天。以前30块，现在物价涨了，得45块了。收稻谷的时候还要请人哦，75块钱一亩，两亩田就是100多咯。"三门里的一位村民也表示："现在我们都没有什么人耕田了。全部是广西那些人来耕了我们的田。"马降龙村更是"都在拍卖，田都不种了，全部给人家种。有的外地人来这里种"。在农忙时节花钱请人帮忙，或者租用机器以减轻劳动负担，这是最常见的选择，有些农民甚至全年请人代为打理田地。

回归：随着旅游的发展，越来越多的游客涌入开平碉楼村落，农民在经济收入增长的同时，其家乡自豪感也同步增长，他们对开平碉楼村落土地多了一份依恋，场所依赖感不断增强，唤起了他们的土地意识回归。

开平碉楼

这种回归主要表现在两个方面：一是开始重新审视土地的经济价值，更加珍惜土地。旅游发展带动了周边土地升值，部分村民发现自己当初低估了土地价值，对当初政府征地时的补偿金不满，产生了懊悔情绪，也更加珍惜仍然留守的土地。二是更加关心土地的使用状况。由于诸多原因，当初政府向农民所征收的土地仍然大量荒废，有村民对此非常痛心，认为"（土地）自己要耕，不耕也就让外省人耕，就是不准丢荒"。从经济关系上讲，农民的土地出售后，他们已经找到了更舒适的生活方式，土地的耕作状况已经与他们没有关系。但多年来形成的土地情结仍促使其牵挂着自己曾经拥有的土地，为其使用状况而高兴或忧虑，表现出了中国农民的土地意识中最原始、最淳朴的一面。

土生土长的土文化

  上面已经多处提到"一方水土养一方人"这句话，但那只是从土质到人的体质的角度上的理解。其实，这句话还有文化性格方面的丰富内涵。所谓文化性格，就是由于环境不同、生存方式、地理气候、思想观念、人文历史和为人处世的不同态度在社会接触中的性格表现及其所引起人文心理和文化性格特征的差异。作为巨大复杂的文化实体，中国文化中的地域性差别是非常大的，所呈现的文化性格也有着独特的个性和与众不同的风格。这就是各个地域不同的土的环境"土生土长"出来的土文化内涵。

土与习俗、语言和文字

正如古语所说的那样"千里不同风，百里不同俗"。每个地方的生活习性、地理位置、环境气候不同，决定了人的生活习性，慢慢地演变为不同的风俗习惯，演绎出同种语言中的不同俗语和方言，显示出各自特征的本土性。

不计其数的地方习俗，才汇聚成了博大精深的传统中华文化，各地生动活泼的成语、俗语、俚语丰富了中国语言宝库，与土相关者当然起到了重大的作用。

土习俗

土习俗，一般包括精神习俗、物质习俗、社会习俗和语言习俗。土习俗有其独特的魅力。一个方言的谜语、俗语，抑或是一个不起眼的习俗，往往会在茫茫人海之中一下子就拉近了人的距离。

以土入药

五行是中国人古老的智慧。古人认为天地万物均具五行的属性：金、木、水、火、土。而且它们之间有着内在的相生相克的关系。古代劳动人民通过长期的接触和观察，认识到五行中的每一行都有不同的性能。"金曰从革"是金具有肃杀、变革的特性；"木曰曲直"意思是木具有生长、升发的特性；"水曰润下"是水具有滋润、向下的特性；"火曰炎上"是火具有发热、向上的特性；"土爱稼穑"是指土具有种植庄稼、生化万物的特性。古人基于这种认识，把宇宙间各种事物分别归属于五行，因此，在概念上已经不是具体的金、木、水、火、土本身，而是一大类在特性上可相比拟的各种事物、现象所共有的抽象性能。

中医认为人体也不例外，人体中的五脏六腑也有五行的属性。土为万物之母，有生化、长养万物之特性，而脾能运化水谷精微，为气血生化之源，后天之本，故脾属土。土为五行之主，为坤之体。土具备五色，以黄为正色；具备五味，以甘为正味。所以，禹贡能辨认九州之土色，周官能辨十二类土壤之特性。土在品德方面，虽至柔而为刚，虽至静而有常，兼五行生万物却不赋予它特殊能力，足见坤德之极致。在人则应以脾胃，故诸土入药，皆取其助己之功。

中医以土入药，历史悠久，李时珍的《本草纲目》就载有61种土药的功效和主治病，如赤土、太阳土、香炉灰、蚯蚓泥和百草霜等。由于现代人的生活方式与古代人相比发生了很大变化，古医书中记载的各种土，如井底泥、陈年坟石灰等已很难取到，也极少有人愿意尝试其土味。因此，土药的应用范围越来越小。然而，伏龙肝和百草霜两味土药，因其疗效确凿，至今仍为农村医生所喜用。

伏龙肝是烧杂柴草的土灶内底部中心的焦黄土，味辛，微温，归脾胃经，功效温中止血、止呕止泻。主要成分为硅酸盐、氧化铝和氧化铁。治虚寒性的胃肠道出血，常配伍地黄、阿胶、附子等，如《金匮要略》中的黄土汤；用于脾胃虚寒性的呕吐，可与制半夏、生姜同用；治妊娠恶阻，呕吐不食，可单用煎汤饮服，亦可与苏梗、砂仁、陈皮、藿香合用，颇有特效。

百草霜为灶额和烟炉中的墨烟，因其质轻细，故谓之霜。性味辛温，无毒，有消积、止血、安胎、解毒等功效。主治食积不化、上下出血、妇人崩中带下、胎前产后诸病、黄疸、痢疾、咽喉口舌诸疮，为绍派医家所习用。鼻出血或齿缝出血，以百草霜末吹之，立止。吐血，百草霜五钱，槐花末二两，每服二钱，茅根汤送下。泻痢，百草霜末米饮调下二钱服。头疮，百草霜和猪脂外搽。

据了解，非洲人也有吃土的古老习俗，这是千百年来适应大自然的结果，人们往往用黏土来治疗痢疾、霍乱等疾病。在非洲，找土、掺土的配方是许多部落和家庭的秘密。如肯尼亚也有吃土风俗。他们把要吃的土掺进日常所吃的木薯、玉米、土豆、香蕉饭当中做熟，然后一起吃下去。当然，并不是所有的土都能吃。当地人挖开土层，取数米以下的红色土壤，拿回家后挑出小石子和杂草等杂质，再用水和成软硬适中的细长条，用刀切成段，然后用火烤干，这样可以杀死病菌。但如今在非洲，城里人吃土的越来越少，一来求医问药相对方便，二来在城市寻找合适的土源也并非易事，但在广大乡村，这种习俗的消失，就绝非一日之功了。

土牛唤春的民俗

春牛是立春日劝农春耕的象征性的牛。它为泥捏纸粘而来，因而也叫"土牛"。中国古代立春日天子率群臣东郊迎春，鞭春牛以示动员农耕，士民都出城围观。这是农耕文化中以特殊的眼光对待土和牛的民俗。

兰州太平鼓

俗语说：民以食为天。"食"作为一种物质民俗，当其不能满足人们的基本需求时，民众自然会利用另一种形式来表达自身的愿望，这在物质民俗与精神民俗之间架起了一道桥梁。兰州地区的皋兰、永登等地都是典型的农业耕作区。西北地区自然环境恶劣，干旱、缺水、风沙大，夏季酷热难耐，干燥少雨，这种气候环境加上相对贫瘠的黄土地都不利于农作物的生长。所以农民们热爱土地、祈愿丰收的心理，就形成了主导心态。渴望丰收，祈求风调雨顺就必然形成人与自然、人与人之间和平相处的纽带。那里的人们常说："甘地寒气闭塞，春初非击此鼓则地气不融合，岁必不熟。"兰州太平鼓正是在这种心态的驱使下，得以传承和发展。

兰州太平鼓一般始于农历春节，到正月十五达到最高峰并结束，其组织形式及活动的时间都与农业生产的季节性相适应，舞蹈形式的激越和有节奏的律动，反映出农民对来年收成的期冀。以农耕形式为主要生存方式的民众，对生存所最为关注的莫过于庄稼的长势和收成的丰歉，以及与之密切联系的气候。这样，兰州太平鼓作为一种心理寄托的承载物，便承担起理想催化剂的作用。兰州太平鼓鼓身所绘制的龙的图案，也能窥探到农耕文化的端倪。龙是华夏族的图腾，是农耕民族所崇拜的神物，人们认为龙能行云布雨、主控天气。在中国的民俗和许多文学作品中，龙一直是掌控人的生杀大权的天神，敬龙则能风调雨顺，免除干旱，消灾驱邪；辱龙就将食不果腹，颗粒无收，生不如死。兰州太平鼓上绘制龙的图案，正是借龙传达对适合农作物生长的和顺气候的向往。尤其在干旱少雨在全国都出了名的兰州地区，这种气候对农作物生长可以说是极为不利的。恶劣的环境往往使一年的收成不能与艰苦的劳动成正比，农民们对于雨水的期盼自不必言。太平鼓将雷与雨巧妙地融为一体，真实地道出了黄土高原兰州地区这一独特民间艺术的文化内蕴，寄托着人们的希望与理想，反映了人们在生存本能的驱使下，不甘于命运摆布的精神层次。

玩泥巴

　　SPA 拉丁文全名是 Solus Par Aqua。Solus 代表的是健康，Par 是通过的意思，Aqua 的意思是水。现代社会流行的时尚生活就是 SPA，其中盐浴和香熏植物精油浴最为盛行。吉拉德（Ziva Gilad）在以色列的死海沿岸看到当地的女性一个个全身涂满厚厚的死海黑泥，然后躺在含盐量高而能漂浮不沉的死海水面之上，让海水慢慢冲洗掉身上的泥巴，还有人装了一瓶瓶的泥巴带回家慢慢享用。希拉德看了半天，突然顿悟出一个最简单的道理：这不正是一套完美的天然 SPA 疗程！创业的灯泡在她的脑中突然"叮"的一声亮起。1988 年，她决定与当地居民合作成立死海研究室，将死海的黑泥、灰盐、植物、矿物等天然物质，制作成一瓶瓶护肤保养品。死海研究室就成了全世界唯一可以合法地从死海采集化妆品原料的公司，这样独特而响亮的招牌让这个只有 30 人的小公司在开创之年就有了 100 万美元的销售佳绩。后来，死海研究室又进一步以"爱海薇"（AHAVA——希伯来文"爱"之意）的品牌进军全球 33 个国家，年营业额达 1.5 亿美元。这真是泥巴卖出金价钱！其实，用黑泥做美容早已有之。据称，埃及艳后用死海黑泥涂抹全身，坚持数十年，所以皮肤一直细腻柔润。

　　中国四川省遂宁市大英县也有一片"死海"，是个 1.5 亿年前形成的地下古盐湖。湖中盐卤资源十分丰富，与世界著名的旅游胜地——中东的死海同样位于神秘的北纬 30° 纬线上，而且浓度相同、矿物质元素相近，人在水中漂而不沉，故有"中国死海"之誉。这里的黑泥也是经过亿万年的沉淀，含有丰富的矿物质、有机物和微量元素，经过处理加温后涂抹在身上，同样有瘦身、祛病和美容的作用。

　　黑泥是所有泥土中最为珍贵的，对人体能够起到美容作用。黑泥中富含多种自然精华，营养成分丰富且含量非常高，而且极易被肌肤吸收。它能彻底地清洁皮肤深层的污垢，祛除老化的角质层以及过量油脂和彩妆残留物；还能有效调理油脂分泌，防止黑头和面疮的生成；平衡体内的 pH 值，促进养分的吸收，更能舒缓疲劳，保持皮肤自然滋润，柔顺亮泽。身体抹上了黑泥，只剩下眼睛露在外面，闭上眼睛，惬意地享受着黑泥和阳光的呵护，让肌肤在不知不觉中得到滋润和调理。这本身就是一个充满快乐色彩的疗程。在黑泥耍吧里，可以浑身黑泥与朋友畅饮谈天；看着周围的人，个个似从泥缸中出来，一举一动充满了喜剧效果，你又怎么能拒绝黑泥带来的乐趣呢？

与土有关的汉字

汉字出现之前经历了长期用实物记事的时期。汉字大体来源于两个具主从关系的系统：刻画系统和图画系统，并以"图画"为主，"刻画"为辅。汉字大约在夏代与国家同时出现。在汉字形成的过程中，个别人可能发挥了特殊的作用。这些看法已经获得了广泛的认同。因此可以肯定，汉字是一种土生土长的自源文字，否定了西方学者认为的汉字是从近东两河流域成熟文明传播过来的说法。汉字的方块字就像先民播下的一颗颗希望的种子，在中原文化的沃土里生根、发芽，茁壮成长，最终成为一棵参天的大树，枝繁叶茂，风华独具。在世界文字之林，可谓"风景这边独好"。比如罗马拼音固然也能写出长短句的诗词，却总不能像汉字这样抑、扬、顿、挫四声齐全地写出五言诗和七律诗，以及限定平仄和字数的对联。

文字是语言的符号，有了这样的符号，语言便长了翅膀飞向远方，达到交流和宣传的目的。与"土"有关的文字，《说文解字》中仅以"土"为偏旁（部首）的字就有 131 个。

表示土地的有：地、坤等字。表示区域或特殊地貌的有：坶、坡、圪、圳、坂等。表示泥土、土壤的有：壤、垆、埌等。意为微小土粒和灰尘的有：块、埃、尘等。表示土块的有：墣、凷等。表示地界的有：垠、垂、场、圩、垭、坪等。表示坟冢、土堆的有：茔、坟、墓、塚等。表示土制建筑和器具的有：垣、寺、堵、坝、墙、堠等。表示涂抹泥巴动作的有：墐等。表示增益和阻塞的有：填、增、塞等。表示毁坏的有：坏等。形容形状的有：坨等。

在前文我们曾详解了"土"的来历和含义，土字的含义在以土为偏旁的汉字中得到最充分的反映，也表明了古人对土的认知方式和行为模式，更转述出文人特定的人生观、思维观等文化心态。

寸金桥的故事：广东湛江市赤坎区有一座"寸金桥"。1898 年 3 月，法国入侵者向清政府提出租借广州湾（即湛江）的无理要求。清政府卑躬屈膝，竟同意租借，租界另议。入侵者得寸进尺，不待议定租界，便悍然派兵攻占广州湾，自拟租界，并四处烧杀掳掠，妄图乘机占领大片领土。法军的暴行激起了湛江人民极大的义愤，南柳、海头一带人民在吴帮泽等率领下首揭抗法义旗，誓师起义，用长矛、大刀、棍棒等为武器，予敌迎头痛击。尔后，抗法斗争风起云涌，扩展到遂溪、黄略等地。湛江人民抱着"寸土当金与伊打"、誓与国土共存亡的信念，与敌战斗十余次，打退了装备精良的敌人的数次进攻。

1899 年 11 月 16 日，清政府不顾人民的反对，竟在《中法互订广州湾租界条约》上签字。但慑于湛江人民的反抗，法国不得不将租界西线从万年桥（今遂溪县新桥糖厂处）退至赤坎桥，租界范围从纵深一百几十里缩小至三十里。在这场悲壮的抗法斗争中，吴帮泽等民族英雄为了保卫祖国而献出了自己宝贵的生命。为了纪念这次长达一年半之久的抗法斗争，当地群众便将赤坎桥改名"寸金桥"。1959 年，人民政府重修"寸金桥"，并撰文立碑，从此"寸金桥"成为抗法斗争的一座象征性建筑物。1960 年，郭沫若到湛江观看粤剧《寸金桥》，题诗有"一寸河山一寸金"之句。"寸金桥"从此名声更著。

有关土的成语、俗语

语言是人类在生活、生产和接触交流中的文化产物，是人们对世界、对社会、对自然和对人类自身认识的一种表达形式。下面我们透过成语、俗语，看一看土是怎样成为人类语言与文学源泉的。

表示国土与崇拜的：普天率土、皇天后土、广土众民；万物生于土，万物归于土。表示乡土风情的：怀土之情、故土难离、安土重迁、根生土长、土生土长、风土人情。表示蔑视的：视如土芥、土头土脑、粪土不如、朽木粪土、灰头土面、土龙刍狗。表示恐惧的：鱼烂土崩、土崩瓦解、面如土色。表示抗争的：寸土不让、寸土必争、守土有责。表示奢侈的：挥金如土。表示哲理的：积土为山，积水为海；累土至山、泰山不让土壤。

从这些"土"的语言中，可以感受到土与人类的生活、土与人类的感情是何等密切、何等重要。我们从与土有关的俗语、俚语中会有更深一步的理解：头顶一片天，脚踏一方土；一方水土养一方人；面朝黄土背朝天；兵来将挡，水来土掩。

岂止是在中国，国外也是这样。罗马尼亚就有很多与土地相关的习语："自从世界成为世界，土地成为土地"，表示永远；"土和风都不知"，表示极度保密；"从土或青草中拿出东西"，表示不惜代价寻找东西；"与土地相化为一"，表示化为乌有。某些词汇的用法在其他印欧语言也常可见，如"谦逊"一词来源于"土地／腐殖土"的转意，为人谦逊首先就意味着眼睛向下。

汉字与崇土文化

土能承载万物，孕育万物，延续万物。土地文化亦谓之"国土文化"和"社稷文化"。可以说，土地无所不包，无所不生，无所不覆载，无所不依托。就自然而论，土即田地、土壤、人畜、五谷和万物（《周礼·地官·小司徒》）；就国家而言，土是领土、疆域、山川、国民和地位（《国语·吴语》）。所谓崇土文化心理，是指与土地相关的物质世界的事物与现象，以及历史文化的事件遗迹作用于先民所产生的一种复杂的崇敬心理和情绪的总和。

甲骨文中"土"被称为"地母"或"地乳"。地母可生殖五谷，养育万民，故以母乳比拟地乳。《白虎通义》云："中央者土，土主吐，含万物，土之为言吐也。"强调"土"之"生万物""含万物"的这种功能的更有具体说明，如《韩诗外传》中曰："夫土者，掘之得甘泉焉，树之得五谷焉，草木植焉，鸟兽鱼鳖遂焉。"依据现代人的观念，"甘泉"为人类万物之生命之源，"五谷"为人类之营养之源，"草木"和"鸟兽鱼鳖"与人类相依相伴，是人类生存不可脱离之环境和伙伴。

由土转意为与人类生存密切相关的居住条件。就其而言，古籍里也有许多有关居住的记载。《易·系辞》曰："上古穴居而野处，后世圣人易之以宫室。"《墨子·辞过》中曰："古之民未知为宫室时，就陵阜而居。"《风俗通义·丘》中说道："尧遭洪水，万民皆山栖巢居，以避其害。"《淮南子·本经训》中云：尧舜之时，"江淮通流，四海溟津，民皆上丘陵，赴树林"。其中的"山栖巢居""上丘陵""赴树林"，亦为"陵阜而居"，亦为"穴居野处"。《论衡·齐世篇》云："上古岩居穴处。"说"居"的是"岩"。《说文解字·九下》云："岩，岸也。"又"岸"，"水压而高者"。与"昔尧遭洪水，民居水中高土"没有什么不同。《十四下》对"陶"的解释是："陶丘有尧城，尧尝所居。"《说文解字》中说："里，居也。从田从土。"段玉裁曰："有田有土，而可居矣。"因为"土"所具的这种功能和人们遇土而生的经历，使之对土产生强烈的依赖心理，认为"故物非土不成，人非土不生"。事实确亦如此，"土"作为农耕时代物质生活资料的基本物质条件和生产资料，是人们生于斯、长于斯、作息居止于斯而不可须臾分离的工作基地和生活基地。

有关土的农谚

谚语是民间的集体创作，流传广，言简意赅，朗朗上口，是民众的智慧和经验的总结。

其中与识"土"用"土"有关的最为丰富。例如，"稻田水多是糖浆，麦田水多是砒霜"；"肥田长稻，瘦田长草"；"土肥长谷，猪肥长肉"；"万物土里生，全靠两手勤"；"只要功夫深，土里出黄金"；"千层万层，不如脚底一层"；"勤松土的甘蔗甜，勤施肥的芭蕉香"（傣族）；"挖塘泥、挑河泥，防旱防涝又积肥"；"沟泥河泥水杂草，都是省钱好材料"；"土放三年成粪，粪放三年成土"；"闲土三年也肥沃，七年墙土赛草枯"；"一车灶土一车粪，压住秧脚好扎根"；"家里土，地里虎"；"保土必先保水，治土必先治山"；"水土不下坡，谷子打得多"；"水土不出田，粮食吃不完"；"人要结实，土要疏松"；"黄泥配沙田，一年当二年"；"天上的彩云虽然美丽，可是它会千变万化；地下泥土虽然肮脏，可是它能长出好庄稼"；"山高土又黄，天然好茶场"；"人养地，地养人"；"人不欺地皮，地不欺肚皮"；"只怕人懒不耕，不怕黄土不生"。

相关链接

这里我们来对"特"和"质"字作一番"说文解字"。

"特"字分解表明，中国文化特质之一是反映土地为重的牛耕方式的农业社会特征。"特"字由"牛"和"寺"字构成，牛就不多说了，它是农业社会里先进生产力的代表。寺不是指寺庙，而是指官府机构中的"寺"，如古时的"大理寺""太常寺"。《说文解字》释"寺"为"廷也，有法度者也"。"寺"字由"土"字和"寸"字构成，表明土地对于人们来说是何等重要。"有""土"谓之"在"，贫无立锥之地，何以生存？为了争夺生存空间，为了争夺土地，为了寸土必争，不知发生了多少战争。所以就要用"寺"来把握、调解、仲裁和判决。所以，离开了对以土地为重的牛耕方式的农业社会的认识了解，就无法了解中国文化的特质。

"质"字的分解可以看到中国文化另一种特质——以货贝为人生价值取向的经济社会。"质"字由"斧斤"和"货贝"构成。大凡事物不经斧斤砍削，就只能看到表象、表面的一些特征；只有经过斧斤上下左右、东西南北等"十"个方向的砍削，至少也要两次砍削，才能看到事物的本质。古语有云："天下熙熙，皆为利来；天下攘攘，皆为利往。""利"是以土地为重的牛耕方式的农业社会产物"禾"的分配原则，而"则"是"禾"进入流通社会"贝"的分配原则。货化为贝，贝化为货，这是贸易的基本原则。因此，对货贝的态度也就成了衡量人生价值取向的原则。每个社会的职"员"，都要履行好自身的职责，这是最基本的要求。中国文字的"实质"二字，无论是繁体的"實"字和"質"字，都把"贝"字放在下面。"贵贱"之分，也取决于对"贝"的态度：把货贝用于中国的统一，以中国统一为头等大事，那是高"贵"的；而凡事把货贝摆在首位，并出动两戈去挣，那是卑"贱"的；更有甚者，暗中出动十个戈去弄贝，那就成了"贼"。

如果说以汉字"特"的符号来把握中国社会历史实践过程中所创造的物质财富总和的话，那么汉字"质"的符号就是用来把握中国社会历史实践过程中所创造的精神财富的总和。

有关土的对联

对联相传起于五代后蜀主孟昶。对联是中华民族的文化瑰宝。它是写在纸、布上或刻在竹子、木头、柱子上的对偶句，言简意赅，对仗工整，平仄协调，是一字一音的中文语言独特的艺术形式。有关"土"的对联也很多。请看：

金木水火土；东西南北中。

五行象术，金木水火土；一家厨房，油盐酱醋茶。

尘封于土；木秀于林。

两人土上坐；一月日边明。

金克木木克土土克水水克火火克金；肝克脾脾克肾肾克心心克肺肺克肝。

记忆埋在土里；文章做于故人。

成土城城破成土；白水泉泉涌白水。

与土有关的诗歌

歌颂祖国，赞美人民，这是诗歌创作中古老而永恒的主题。华夏子孙深深眷恋着这方故土，在这块土地上流血流汗，用诗一样的语言歌颂养育我们的土地，赞美自己的故乡。

从古至今，诗人就以最精练的语言创作出与土与人有关的美妙诗句："锄禾日当午，汗滴禾下土"展示了劳动人民的勤劳和艰辛；"三十功名尘与土，八千里路云和月"表达了岳飞的爱国情怀。

用现代诗歌来歌颂祖国大地更是诗人永恒的话题。艾青在《我爱这土地》中写道："假如我是一只鸟／我也应该用嘶哑的喉咙歌唱／这被暴风雨所打击着的土地""然后我死了／连羽毛也腐烂在土地里面""为什么我的眼里常含泪水／因为我对这土地爱得深沉"……

《我们的土壤妈妈》是科学家兼科普作家高士其的代表作。他用拟人化的手法，科学童话诗的形式，使土壤化身为"土壤妈妈"，表达了对大地、对祖国和对人类的爱。

相关链接

我们的土壤妈妈

·高士其·

我们的土壤妈妈，
是地球工厂的女工。
在大自然的建设计划中，
她担负着几部门最重要的工作。

她保管着矿物、植物和动物，
还有肉眼看不见的微生物；
她改造物质，发展生命，
经营着无机和有机两大世界的巨
大工程。

她住在地球表面的第一层，
由几寸到几千米的深度，
都是她的工作区。
她的下面有水道，
水道的下面是牢不可破的地壳。

她是矿物商店的店员。
在她杂色的柜台上，
陈列着各种的小石子和细沙，
都是由暴风雨带来的，
从高山的崖石上冲下来的。

她是植物的助产士。
在她温暖的怀抱里，
开放着所有的嫩芽和绿叶，

摇摆着各色的花朵和果实，
根和她紧密地拥抱。

她是动物的保姆。
在她平坦的摇床上，
蹦跳着青蛙和老鼠，
游行着蚂蚁和蚯蚓，
蜷伏着蛹和寄生虫。

她是微生物的培养者。
在她黑暗的保温箱里，
微生物迅速地繁殖着；
它们进行着化解蛋白质的工作，
它们进行着制造植物化肥的工作。

我们的土壤妈妈，
像地球的肺。
她会吸进氧气，
她会呼出二氧化碳；
有时还会呼出阿摩尼亚。

她又像地球的胃，
她会消化有机物。
地球上所有的腐物，
几千万年人和兽的尸体，
都由她慢慢地侵蚀。

她又像地球的肝。
毒质碰着她就会被分解，
臭味碰着她就会被吮吸，
病菌碰着她就会被淘汰，
使传染病停止了蔓延。

我们的土壤妈妈
同水有深厚的感情！
她有多孔性和渗透性，
她像海绵一样，能够尽量吸收水。

我们的土壤妈妈
同太阳有亲密的友谊！
她能够接受太阳的热；
当黄昏来到的时候，
又把它发散出来。

气候也会影响她的健康。

冰雪的冬天，把她冻坏了；
快乐的春天，把她解放了。
在城市，有数不尽的垃圾堆，
都要经过她的改造，
才能变成美好的肥料。

我们的土壤妈妈，
完成了清洁队员未了的工作。
在农村，有数不清的田亩，
滴上农民们的血汗，
播种下谷子、小麦和高粱。

我们的土壤妈妈，
从不辜负农民的希望。
改造自然的伟大工程，
把沙漠变成了绿洲，
从荒芜走向繁荣，
我们的土壤妈妈。

土与人的体质和口味

　　"一方水土养一方人"是我们常说的一句俗语，这句话实际上就是"地域人"的基本概念。"一方"指的是某一个地域，"水土"包括地理位置和物候环境，"一方人"则是长期生活在这一地域上的人，包括他们的性格特征、民俗习惯和思维方式。这句话表明人的聪明才智、身体素质以至心理状态和文明程度，既受到这一地域物候环境的影响，又与这里的人文历史紧密相连。

水土不服

人们久居一处土地，对其生存环境和生活习俗都适应了，别无异样感觉，因此感到很舒适。有些人一旦工作变迁、求学外乡、探亲访友或外出旅游，离开常居地来到异地生活，就会短时间出现胃肠道胀气、蠕动、痉挛、腹痛和腹泻等症状，甚至出现一些心理障碍，"思乡"之情油然而生，感到饮食不如"老家"的好，生活没有长居地舒服。这就是人们所说的"水土不服"。

有趣的是一位老同事告诉我一个故事：他自己生在东南沿海的一座小城，年轻时在北京求学和工作，八九年后内迁到贵州。二十世纪七十年代，他的第一个孩子出生后，由于工作繁忙，无暇顾及刚刚出生的孩子，就在家乡找了一个农村保姆家寄养。不久保姆带来孩子"水土不服"的口信：说是夜间哭闹，大冷天身上竟长出痱子般的红斑。据说经过农村赤脚医生的土办法治疗，不久就痊愈了。到了6岁孩子该上学了，接回贵州不到两个月，这孩子又出现水土不服的症状，夜间经常惊醒，白天时有腹泻。于是请教老保姆，她寄来当地的泥鳅干用以佐餐，不到半年便痊愈了。如此这般的反复水土不服真叫人摸不着头脑，他到底"服"哪里的水土？土生土长的泥鳅竟能两次治愈不同的"不服"！

专家说，水土不服原因有三：当地水土的化学成分、食源性致因和生态环境。

各地水土的性质不同。各地水和土壤中的微量元素分布甚有差异，如有的地方甲元素过多而缺少乙元素，有的地方又正好相反；各地水土中的有机物、酸碱度、被污染的情况也不尽相同。因此，人适应不同环境须有一定的时间。水土理化性质势必影响当地的粮食、蔬菜、果品、水产品和畜产品。这些食物又能直接影响人体。比如微量元素锌与食欲有关。如果原来生活的地区水土中锌含量正常，而新地方水土中缺少锌，就会影响食欲。又如原来生活的地方水土中没有某种有机物的污染或只有轻微污染，而在新居住地却有严重污染，这就会在新居地产生敏感的生理和心理反应。

食源性不服是指人体对各地不同主食和副食消化吸收过程的反应敏感性。如南方人习惯于吃大米饭和米粥，久而久之，体内消化酶的作用只能适应此类食物，而对黍类粗杂粮的消化功能较弱；倘若突然改变，食用粗粮玉米、红薯或面食，就会使消化酶不适应，消化功能下降。过剩的食物蛋白、碳水化合物和淀粉滞留于消化道内发酵，产酸产气，引起胀气、痉挛、腹痛和腹泻等不良症状。

所以，有人开玩笑地说，人应该是"杂食动物"，粗细杂粮、荤腥素菜都要轮流上桌，经常"进口"，喜欢吃的和不喜欢吃的不妨换换"位置"，吃百家饭千家菜才会有一个健壮的身体。

地球物理因素的影响。不同地方的海拔高度、纬度、气候、日照状况各不相同。这些变化通过温度、湿度、磁场、气压和昼夜时差等作用于机体，影响生物钟的正常运转，也会造成水土不服。

尽管如此，"水土不服"的现象绝不是不可克服的。如在硬度过高的水中，加入一定量的苏打（碳酸氢钠）或进行离子交换法处理，即可使极硬水软化。人体的食物消化酶虽有对食物消化的"趋向性"，但这种"趋向性"随着食物的摄取，也会由少量多次而发生的变化，逐渐适应，建立起新的"趋向性"。因此说，人们在新的环境中，经过一段较长时间的锻炼和适应，"水土不服"的现象就会逐渐消失。

地方病

人体内含有许多种化学元素，这些元素在人体内的含量与当地的土壤、水、食物和空气中的含量密切相关。特别是那些微量元素，它们在土壤、水和食物中的含量很低甚至极微，容易受环境因素的影响，如水与土所在的地质层位、地理位置、气候变化和工业污染等。由于微量元素对于调节体内生理功能有着重要的作用，所以多了或少了都会引起疾病。这个道理与炼钢时必须控制元素含量的理由一样，比如钢中的碳和硅元素必须控制在一定限量，否则必然影响钢的性质和质量。

这种因地理环境造成的疾病称为地方病。中国是地方病病情严重的国家，各省份至少有 1 种以上的地方病，它们仍是严重威胁我国人民身体健康的疾病，是我国广大农村最主要的公共卫生问题之一。在我国与水土有关的常见的三大地方病（地方性甲状腺肿、克山病和大骨节病），都与某些微量元素的缺乏有关。

大骨节病分布在从川藏到东北的斜长地带，覆盖的病区从西藏到黑龙江的 14 个省（市、区）内。克山病发生在我国由东北到西南的一条过渡带上，病区分布在 16 个省（区），327 个县（市）。地方性砷中毒是二十世纪八十年代我国新发现的一种严重危害人体健康的地方病。1993 年开展的全国地方性砷中毒普查，发现新疆、内蒙古、山西、宁夏、吉林和贵州等地是地方性砷中毒病区。其中贵州为燃煤污染型砷中毒，其余地区为饮水型砷中毒。疾病调查和水土地质调查表明，在我国地形的第二个阶梯附近，从东北向西南存在一个缺硒和钼的地球化学带，正是在此带中潜伏着克山病和大骨节病的疾病区。这就是"一方水土养一方人"的另类诠释。

水土与美貌

桃江县位于湖南省中北部的资水下游，因境内有闻名遐迩的桃花江而得名。桃花江流域是一片古老的热土，素以山水优美、资源丰富、人文荟萃而著称。黎锦晖先生以一曲《桃花江是美人窝》，使美丽的桃花江名扬海内外。的确，桃花江是一个山美水美人更美的旅游风景区。

美人源自其生存环境。2002 年 4 月底 5 月初，有关项目组分成 5 个调查小组，就"美人"的有关问题进行了 440 份问卷调查，回收有效率达 98.86%。调查对象男女比例适当，年龄结构合理，学历层次较高。65.87% 的人认为"桃花江的美女名副其实"，其中"美人窝"出在婀娜多姿的羞女山一带，而非山清水秀的桃花湖。

看来，桃花江是美人窝并不是无稽之谈。这个美人窝与当地的地质、土壤和饮用水环境密切相关。研究表明，当地的岩石、土壤和饮用水中含有较高的硒、铁、锰、锌、铜等对美容健康和长寿有益的微量元素，而对人体有害的汞、镉、铅、砷的含量远低于背景值。那里的饮用水流经地区的围岩都是砂岩，砂岩能过滤水中的杂物，使之变为清澈质好的软水。优越的自然环境和人文环境为桃江的美女奠定了坚实的基础。羞女山的地质、土壤和水环境的评价质量更优于桃花湖。

前面多次说到的水和土中元素对包括人在内的所有生物起着十分重要的作用，其实只是一种很笼统的说法。有时候光拿这个笼统的说法去套用不同的地区，常常会产生相互矛盾甚至相反的结论，但真要深入探究还是大有可为的。就拿水土中的元素来说，除了它们的种类、含量，还要注意不同元素间的比率和组合关系。比率关系就是"你强我弱"或"你多我少"的关系。组合关系也会改变"你强我弱"所固有的结果，也就是说，在"你强我弱"之中再加入其他元素的组合，就会打破原来的"平衡"，因为元素之间还有一种协同作用和拮抗作用。简单地说，这两种或者会使强者更强、弱者更弱，或者使强者变弱、弱者变强。

所以，从大文化的观念来说，人类社会中有"文化"，自然界中也会有人世间的"哲理"。

山西人为什么爱吃醋

山西人爱吃醋是出了名的，原因是黄土高原土壤含钙太高，食入过量的钙易得胆结石等疾病，因而人们就选择了醋来中和。喜吃醋的地方还有云贵高原，那里多石灰岩地貌，水和食品中含有较多的钙，所以要用酸来中和。黔西滇东一线老百姓常说："三天不吃酸，走路打喘喘。"意即不吃酸菜或醋，走路就会步履蹒跚，干活没劲，也是这个道理。显而易见，是地理环境导致了黄土高原和云贵高原的人特别爱吃醋。

而南甜北咸是因为南方的主食（大米）糖分较少，因而需要补充糖分；北方的气候导致蔬菜较少，要多放些盐来弥补蔬菜的匮乏。

四川人、湖南人为什么爱吃辣，广东人为什么爱煲汤

四川人和湖南人吃辣是尽人皆知的，他们为什么那么爱吃辣子？为

土生土长的土文化

197

什么那么喜欢吃苦瓜？原因很简单，那些地区湿气和热气特别重，湿热使人的消化功能减弱了，吃点辣椒好开胃口啊！苦瓜有什么作用？辣椒是热性的，苦瓜是凉性的——辛热苦凉，胃口就开了。另外，过度的潮湿，使毛孔闭合，阻碍了体内排泄物的排出，造成情绪低落，胃口欠佳，吃上一次麻辣火锅，冒出一身大汗，身体和情绪都得到排解，十分舒心。

现在南方的苦瓜多运往北方，在北方伏天里吃上一盘苦瓜炒辣椒，有助于脾胃功能大增。但是不管是辣的还是苦的，都容易伤阴，容易生燥，伤经血脾胃。如若不信，您秋天吃上三天的苦瓜炒辣椒，嘴唇不皲裂才怪呢！

由此看来，食物只有在不同环境下才能发挥其固有属性的最大作用，食物的搭配和协调是跟环境息息相关的，只有搭配对了，才能对人体产生有益的影响。广东人喜欢煲汤，"秘密"全在汤中。因为那里有夏无冬，对人体来说只有"生发"，没有"闭藏"，一年四季就像常绿植物一样，你不给他足够的营养，他就没法维持平衡。所以广东人煲的汤中"密藏"着中药枸杞、黄芪等，都是食补物品。要是黑龙江人学这种煲汤的方法，天天喝这种汤，不出三天，头上准会起个大泡。所以，环境不一样，体质各有异，一方水土产一方物，一方水土养一方人啊。

这些例子告诉我们，在调整饮食的过程中，你住在什么地方，就应该按照这个地方的基本环境和气候去调养自己，不要老是固守"陈规戒律"，应该采取"灵活机动"和"随机应变"的策略。

真的是土里长出来的文化

红土文化

中国南方多红土，很有地方特色。在漫长的历史发展过程中，勤劳、纯朴的人民在这块红土地上劳动、生活，创造了特有的精神文明——"红土文化"，形成了影响海内外的古越文化、土著文化、汉闽文化。悠久的历史与厚重的文化积淀，孕育了内涵丰富、种类繁多、风格独特的民俗民间艺术，保留了大量独特的非物质文化遗产，构成了历久弥新的岭南文化，在海外产生深远的影响。

红土高原

云南有着多少美丽与神秘，那独特的少数民族风情，那发生了电影里故事的地方，如《五朵金花》《阿诗玛》《青春祭》《花腰新娘》。2009年有了《红土地画》的传奇，它讲述了国企改制、体制改革的故事。二十世纪末，有着1900多年辉煌历史的千年铜都悲壮地走到了生命的尽头。民营企业家马西南一心想脱困自救，终于谋划出了一个现代化大型私企集团的锦绣前景，展现出了新一代民营企业家的胸怀和境界。

云南人常用"红土故乡"来形容自己的家园，表现出他们对红土地的眷恋。一位有着浓厚的红土情怀的艺术家从家乡的红土地上取回再普通不过的红土，用一种全新的形式赋予红土以蓬勃，绘制了一幅幅精美的蕴含着深邃民族文化的红土画。红土画作的内容具有浓郁的地方特色和民族色彩，把少数民族的风俗风情、纳西族东巴艺术和东巴文字以及重彩与西方文化艺术相结合的成果展示给世人。二十世纪三十年代，一本风靡全球的小说——《消失的地平线》从空中描述过这片在当时还鲜为人知的地域，主人公称从空中看到了白雪皑皑的雪山群和土壤为暗红色的大地。其实，到过云南，你就会相信这本书并非完全的科幻，也非作者的杜撰。尤其是书中讲到从空中看到红色的大地，属云南高原独有。红土地——你蕴藏着多少神秘，红土地——你哺育了多少文化精英，你是红土的故乡，你是人才的摇篮！

红土广西

到过广西的人都说那里的红土真美，没到过广西的人都说那是一片蒙着神秘色彩的土地。

秦统一全国后，中原人陆续迁入广西。秦朝灭亡后，秦将赵佗雄踞红土，建立南越国，自称"南越武王"，实行尊重越俗、和辑百越的政策。东汉末年和两晋、南北朝时期，战乱频仍，大批移民把远离中原的红土地当成新的乐土。一方水土养一方人，一方人造就一方文化。广西历史文化悠久，如柳江人、灵渠、花山壁画、铜鼓以及干栏建筑，都成为广西的文化代表。广西素有"歌海"之称，农历三月初三是壮族的传统歌节。广西民族地域文化绚丽多姿，民族民间音乐舞蹈如扁担舞、铜鼓舞、绣球舞、芦笙舞等各具特色；民族传统文化节日活动如壮族三月三歌节、瑶族盘王节、苗族芦笙节、侗族花炮节、彝族跳弓节、京族唱哈节等各展风采。广西具有悠久独特的少数民族戏剧和地方戏种，如壮剧、桂剧、彩调剧、邕剧、苗剧、毛南剧等。此外，广西边境文化、旅游文化特色浓郁，凭祥友谊关、桂林山水、北海银滩、乐业天坑等众多人文自然景观和边寨风情文化，都展现了广西独特的民族地域文化特色优势。

黄土文化

一望无际的黄土高原是中华民族的发源地之一，黄土地孕育的文化兼有勤劳、勇敢，又有着落后、贫穷的双重文化特征。

黄土文化由黄土地这个习惯性称谓而得名。黄土地，本来是对整个黄土高原的一个代称，然而这个区域太辽阔了，包容了众多省区、众多民族，而这众多省区、众多民族的文化形态是不尽相同的，更无法用一个概念概括之。按照人们习惯性概念和文化内容的属性及特点，黄土地专指黄土高原西部这一特定的区域：以陕西北部为中心，包括与之邻接的晋西北山区、内蒙古河套南部，以及甘肃、宁夏邻近陕北的部分，权且称之为"陕北黄土高原一带"或"陕北一带"。

黄土高原上有着古老农耕文化和典型黄土地貌特征的农耕民俗文化村，有着具备鲜明黄土高原特色的窑洞，有着体现"天人合一"建筑哲学的窑洞民居，有着绝无仅有的绿色郊游，有着异彩纷呈的香包刺绣、剪纸、皮影、泥塑和陇东道情，有着独特的婚丧嫁娶风俗礼仪。这一切的一切都带有地地道道的黄土风情。

革命圣地延安有着底蕴深厚、丰富多彩的黄土风情文化艺术：粗犷矫健、扑朔迷离的民间鼓舞；高亢悠长、魅力四射、刮遍大江南北的"西北风"信天游；工细纤巧、寓意含蓄、独树一帜的民间手工艺；做工精细、营养丰富、强身健体的风味食品。这一切都见情见性并蕴含着传统文化的骨血。加之延安人稳重、实在、厚朴的民风，自尊、强悍、豪放的气质，构成了古老而年青、瑰丽而质朴，植根于民间的延安黄土风情文化。

陕北民歌与民俗

陕北地处黄土高原，这里自古战争频繁，造成植被严重破坏，水土严重流失，长年累月形成了如今千沟万壑的地貌。生于斯长于斯的陕北人却乐观豪迈，勤劳勇敢，老实纯朴。陕北民歌正是千沟万壑的黄土高原与厚重纯朴的陕北人情感碰撞的产物。它的内容灵活自如，可以自由发挥个人情感，具有很强的即兴性。陕北民歌源于生活但又高于生活，它是由劳动人民所创，通俗易懂，泥土气息厚重，与陕北民俗有着密切的联系：民歌、民谣概括地反映了当地民俗，民俗活动又创造和推动了民歌的发展。

由于陕北地形千沟万壑，又处于干旱地带，当地人民日出而作日落而息地过着"面朝黄土背朝天"的日子，高强度劳动换回的却是老天赐予的微薄收成，所以陕北人又被称为"受苦人"；但是这"受苦人"没被困难吓倒，他们乐观向上、厚实豪迈，用自己的歌声向世人展示对世俗的不满、对爱情的忠贞以及对未来的期盼。

晋西北民俗

浓到化不开的黄河情，炽热得烫手的黄土地，无比温馨的土窑洞，还有那耳熟能详、听来耳热心跳的晋西北民歌以及凄楚委婉的管子声，声声撼人心魄。晋西北方言土语、风土人情、民俗民风令人倍感亲切，也给繁忙的现代都市人带来了乡间民俗淳朴自然和五谷杂粮的泥土清香。

在山西北部和西北部一带，吃土豆的方式独具一格。黄土地长出的土豆不仅产量高，而且个头大，可以加工成为各种各样的食品，是人们日常生活中的主食或者招待客人的上等菜肴。

蒸土豆是晋北和晋西北人的家常便饭之一。吃土豆时以腌制的酸菜作佐菜，有的用炒熟的辣椒拌着土豆吃。还有的地方喜欢吃冻土豆，据说冰冻后的土豆别有一番风味。再一种吃法是把土豆泥加入少量的莜麦面蒸后，调上腌制的酸菜汤和辣椒吃。也有地方把土豆泥掺适量的淀粉，里面包上食馅或菜馅，上笼蒸熟后食用。这种蒸饺的特点是晶莹透亮，呈透明状，皮儿薄。还有一种做法是把丝状的土豆和上白面粉上笼蒸熟后食用，当地称之为"括垒"，调上事先用辣椒、葱、蒜、胡麻油、酸菜和汤烹制的调料调和食用。

寒地黑土文化

黑土地是寒冷的，黑土地是博大的，黑土地更是毫不吝惜地贡献出自己的财富。

尽管历经了几万年的演化，今天黑龙江人身上还带有黑土地寒冷和博大的基因。适应寒冷，战胜寒冷，享受寒冷，黑土地上许许多多的古民俗都与寒冷结下了不解之缘。炖酸菜、黏豆包、蘸大酱的饮食是因为冷；狗皮帽子羊皮袄的衣着也是因为冷；马拉爬犁、雪橇拉、冰扎子的运输行走是因为冷；抽冰猴、打冰溜、堆雪人、抓"嘎拉哈"的游戏是因为冷；室内搭火炕、炕上支火盆、窗户纸糊在外的生活习惯是因为冷；就连育儿的悠车子、待客的烟笸箩也与寒冷有关。因为黑土地的辽阔博大，棒打狍子瓢舀鱼，这里的先民们更多的是游牧为生，捕猎为业，于是才穿长袍而不是长裤，穿马褂而不是西装。就是定居下来畜牧、农耕的劳作时，也改不了大碗喝酒、大口吃肉的豪情爽意，这一切都是寒冷和黑土地赋予他们的秉性。

黑土文化素以雄浑博大、粗犷豪放、兼收并蓄和开拓进取著称。她既具令人震撼、十分醒目的鲜明特色，又有海纳百川、创新发展的潜质。当今，传统的黑土文化正在不断超越，谱写着黑土文化与现代文化融合创新的新篇章，在当代文化竞争与文化发展的大舞台上，无不以文化创新为利刃，以文化品牌为主打而取胜。黑土文化品牌的重要标志，就是鲜明独特的地域性，就在于绚丽多姿的魅力。请看那国画、剪纸、风筝、版画、皮影等，哪一样不是独具特色而吸引着人们的眼球？

喀斯特土文化

全球喀斯特地貌主要分布在地中海沿岸、北美东部和中国西南地区。恶劣的自然条件，加上历史、社会、经济诸因素的影响，使我国西南喀斯特山区长期处于相对封闭的环境，外界的文化、技术、信息难以进入，而本地悠久的文化遗产鲜为人知，因而导致社会封闭、保守，发展缓慢。有意思的是"夜郎自大"和"黔驴技穷"都来自崇山峻岭、信息闭塞的贵州。虽然前一个成语产生于 2000 年前的汉代，囿于封闭遂有"汉孰与我大"之问；舟载至黔的毛驴，也是因为孤陋寡闻而技穷之后，成了老虎的美餐。把它栽在黔之驴的头上显然有点"冤枉"，但也说明封闭落后造成的后果。

交通的闭塞导致文化的落后和意识的陈旧，最终使社会发展远远落后于发达地区。尤其是最近几百年来，中国人吃尽了落后的苦头，大西南峰丛深洼地和峰丛峡谷地区的山地文化特性更是让人们吃尽了苦中苦。中国历来有"故土难离"的传统观念，尤其是深山区里居住的少数民族群众，习惯于在封闭、半封闭的环境中生存，传统的观念和生产习俗阻碍异地开发的落实，外界的信息很难进入深山村落，通信通邮条件极差，构成了封闭式的民族文化圈，居住在深山的少数民族由于历史原因轻易不愿出山到"别人的地盘生活"。

虽然这样说，山地文化依然有它自身的合理性和先进性。岩溶山区少数民族传统文化也隐含了朴素的人与自然和谐相处的理念，对生物多样性的保护客观上有其积极作用。如瑶人认为森林犹如母亲的乳汁，是瑶人得以生存的唯一依托，这使他们竭力保护森林，有节制地利用森林和其他动植物资源；茂兰岩溶原始森林的存在以及生物多样性的丰富程度与少数民族传统文化之间是密不可分的。生活在贵州罗甸木引乡的苗族、布依族和汉族各自沿不同的文化，以不同的生活方式，按照不同思路去利用地表生态资源，从而在早年能够构成一个均衡消费地表生态资源的"净土"，麻山样式（即干湿季节分明的岩溶山区疏林草地流动砍焚样式）适合当地的岩溶生态环境。长期研究麻山生态的学者杨庭硕撰文指出，岩溶山区的人们不是简单种树种庄稼，而是通过世世代代不间断地观察，将哪个岩缝哪块土适合种什么，能长成什么样，收成多少都牢牢记住、烂熟于心。于是，他们能够和石头对话，和土地对话，能在岩缝中种树、种草，种一棵活一棵，能在极干旱和瘠薄的土地上

一碗泥巴一碗饭

雨中的巴马

种出粮来，还保得住水土。这是了不起的知识和智慧。窝头人家这些"一碗泥巴一碗饭"的经验和技能，被学者们称为"夹缝中的生存艺术"。

广西壮族自治区巴马瑶族自治县是全球第五个被命名为"长寿之乡"的地区。这里属于典型的喀斯特地貌，山多土少。然而，这样一片让巴马人尝尽生活艰辛的土地，也赋予了他们令世人羡慕的长寿。上天似乎特别眷顾巴马这块土地：人类健康的四大要素——水、阳光、空气和磁场，巴马都占全了，而且都是全世界上最优质的。日本一位专家称"巴马是人间遗落的一块净土"。除了得天独厚的自然条件，也与巴马人一些良好的习俗有关。据说巴马的地磁强度高于世界其他地区；巴马泉水含有对人体有益的矿物质和微量元素；巴马日照时间每年长达 1531.3 个小时，"生命之光"远红外线辐射多；巴马的空气由于植被保护好，空气负离子浓度高，被誉为"天然氧吧"；最后是巴马土壤中含锰、锌很高，而铜、镉含量很低。

巴马人的长寿固然得益于他们的祖先世世代代传承的长寿基因，应该说有相当因素是后天的环境起的作用，还应该得益于诸多良好的生活习惯和饮食习惯，诸如晚婚晚育、婚后不落夫家的习俗，以及日出而作、日落而息的规律习性及和谐美满的家庭环境。

具"土"文化特色的"土"建筑

土，在人类文明诞生之初就作为建筑材料而延续至今。直到现在，全球约 15 亿人口还生活在土屋里。调查证实，在发展中国家 50% 以上的人是生活在土屋里；即使在城市中，也有 20% 的人口居住于土建的房屋中。电影《巴别塔》中尘土飞扬的摩洛哥村庄就是对土建筑的最高纪录：完全是出自上帝之手的泥土微雕，或者是放大了的蚁巢，当镜头切到国际大都市东京那些刺破天空的摩天大楼时，摩洛哥村庄似乎只是贫穷的代名词。然而这却是沙漠干旱地带缺电少水情况下最适宜的居住方式：那里日晒时间长，降雨量稀少，风沙大，气温高，早晚温差悬殊，土构材料的性能与此类气候环境相适应，形成了半地下的空间，实际是一些土窑，或者夯土做材料的厚墙民居。以秘鲁的安第斯山脉为中心，许多地区都是用土砖和夯实法建造的印加文明、阿兹特克文明和玛雅文明的遗迹。土建筑的历史悠久而卓越，并一直传承到现代。

人类文明不断前行，土作为建筑材料的适用性和生命力也随之展现。在秘鲁，60%的建筑物是用土砖及夯实方法建造的；在非洲大陆，土是农村和城市中住宅的主要材料，卢旺达首都基加利38%的住宅是用土建成的；穹隆和圆屋顶是阿拉伯世界宗教和政治建筑的标志，它们也是土砖修建的；二十世纪末的印度仍然有超过70%的住宅是用土建造的；中国黄土高原的窑洞则是利用天然黄土层挖掘而成的，而福建的土楼更是形美神俏的土的艺术品……这样一细数，才发现土还真是很亲切的建筑材料呢，贴近自然、富于人性，在漫长的人类进程中，以顽强的生命力被传承下来。

钢筋、水泥、玻璃以及与之相伴的架构建筑方式的运用，迅速将人们圈入了水泥森林之中。伴随而来的环境问题——光污染、热岛效应、本土生物物种消失等纷纷呈现。特别是二十世纪七十年代能源危机之后，从节约能源和经济性角度发现，以拥有许多人口的先进工业国家为中心，人们对有利于环境的素材——土，进行着各种各样的研究工作，于是今天许多地区的土建筑已不再是经济技术因素的产物，而是基于生态和环保的人与自然的选择。法国建筑技术研究所投入了大量经费用于土的隔热性的研究。英国、瑞士等国家在大学设立了专业性的教育机构，对土建筑进行系统教育和研究。而在美国及拉丁美洲的各个国家，土砖及夯实方式的筑造方法是被认可的建筑工法。二十世纪末，在美国东南部大约有20万间土屋被建造，其中大部分利用的是土砖。在加利福尼亚新墨西哥州一带被称为Santafe的土建筑村庄里，土的传统筑造方法的传承机制被保留到现在，夯实工法进行着现代的尝试，展现着土建筑的新的可能性。日本人从海洋挖出的硅藻土是单细胞植物硅藻死亡后的遗体堆积土，利用其生产出具有多孔、隔音、防水、轻质以及隔热等特点的壁材超纤维作为室内建材。

土及其建筑带着灿烂的古代文明痕迹，和人类历史一样具有最古老的价值。现在再次作为最具生态性、对策性的建筑材料，渐渐走进我们的生活。曾经，铁和混凝土作为进步和发展的代名词，压抑了土的无限潜力，尽管这样的观点直到现在还继续着，但是有关土建筑的研究及技术开发已经达到了一个相对较高的水平。建筑空间及形态的多样性设计，对最具自然性建筑设计案的完美度要求更高，而土建筑的存在正是现代建筑的一根轴，达到了材料性、技术性、设计性的完美。

自然，与土做建筑材料相对应的是土建筑方式。在成都平原，当"圈地运动"还没有开始的时候，可以看到很多由竹林围起来的大院子，这是一个家族共同生活的圈子：竹林外小河缠绕、农田菜地；竹林里多多少少总有几块坟地，祖宗不能丢；类似四合院的土砖茅草屋——厅、堂、室以及养猪养鸡用的偏房……一个土筑的院子就是一个家族三代或四代同堂，兄弟妯娌同桌，既是自给自足的小农经济，又是划分严格的家长制宗族，这些院落如同个个健康的细胞那样构成了充满活力的平原村落生态系统。那其貌不扬的土墙是用土配方与夯筑技术，却是奥妙无穷的就地取材，选用的是农田里极其黏韧的生土，并无腐殖质的净红壤土，配以细河沙或田

相关链接

在多哥北部与贝宁的边界地带，有一处神秘的多哥坦波曼族的原始部落村寨。村寨里实际上只住着1户人家，有30口人。家长是一位60岁的男性，他的先人十六世纪就在这里定居。他们的城堡用红色黏

坦波曼人的民居

土、木料和茅草建造。城堡为两层结构，造型独特，功能齐全，有粮仓、卧室，有用于防备外人入侵的躲藏室。这些"仓""室"都没有门，出入只有一个小洞，人需要爬出爬进。

底层泥土，加熟石灰和一定比例的糯米浆反复翻锄之后，积土成堆，让其发酵成为熟土；土的选配、发酵和干湿度的掌握具有极强的经验性和科学性。而夯土墙技术中最为称道的，是不用任何现代设备，也不必有设计图纸，更不用建筑师和技术员，只以古老简单的大墙板和木夯为工具，墙中放竹片或木条，为墙骨起到拉力作用，然后才用以夯墙。拍着"嘭嘭"作响的墙壳，是那么的奇妙……

其实在中国很多地方，如内蒙古、河北、山西、浙江等的农村地区，心壁和土砖、夯实工法是建造住房最常用的方式。在亚洲中部高原，这样的筑造方式一直持续到二十世纪中期；而韩国和日本的许多历史悠久的建筑物也主要采用心壁和土装饰等土建筑建造技术。在欧洲，以农村住宅为中心，土的筑造方式一直被传承着，瑞士、丹麦、德国、法国等几乎所有国家的农村里，都能见到以夯实工法、心壁和土砖建造的住宅。但到了二十世纪中期，土及其建筑方式被产业化、近代化的建筑材料推到一边去了。

福建西部和南部崇山峻岭中的福建土楼，以其独特的建筑风格和悠久的历史文化著称于世。形状有圆形、方形、椭圆形、弧形等。福建土楼产生于宋元时期，经过明代早期、中期的发展，明末、清代、民国时期逐渐成熟，一直延续至今。这些地区正是福佬与客家民系的交汇处，地势险峻，人烟稀少，一度野兽出没，盗匪四起。聚族而居既符合根深蒂固的中原儒家传统观念的要求，更是聚集力量、共御外敌的现实需要使然。福建土楼依山就势，布局合理，吸收了中国传统建筑规划的风水理念，适应聚族而居的生活和防御要求，巧妙地利用山间狭小的平地和当地的生土、木材、鹅卵石等建筑材料，是一种自成体系，具有节约、坚固、防御性强的特点，极富美感的生土高层建筑类型。这些独一无二的山区民居建筑，将源远流长的生土夯筑技术推向极致。

有意思的是，这些土楼曾经被认为是神秘的"核导弹发射井"。直到二十世纪八十年代，这些"发射井"才被证实不过是一些民居而已。于是，"福建土楼"于 2008 年被第 32 届世界遗产大会列入世界遗产名录。世人或许很难相信，这份"世界遗产"曾经是几十年前"敏感区"中的"敏感建筑"。

在众多的土楼形状中，圆土楼是最为神奇和最具魅力的。因为远古

当年被高空侦察机误识为导弹发射井的福建土楼（上图为麻少玉摄）

时代，人们认为天是"圆"的，地是"方"的，对圆的天和方的地，人们崇拜有加：圆有无穷的神力，给人带来万事和合、子孙团圆。福建作家洗怀中说："土楼是个句号，却引出无数的问号和感叹号。"日本一位教授说："土楼像地下冒出的巨大蘑菇，又像自天而降的黑色飞碟。"美国哈佛大学建筑设计师克劳得说："土楼是客家人大胆、别具一格的力作，它闪烁着客家人的智慧，常常使我激动不已。"

窑洞是黄土高原的产物，陕北民居的象征。窑洞淀积了古老的黄土地文化和陕北人民创造的窑洞艺术（民间艺术）。过去，一位辛勤劳作一生的农民，最基本的愿望就是修建几孔窑洞。有了窑洞，娶了妻才算"成家立业"。男人在黄土地上刨挖营生，女人则在窑洞里操持家务、生儿育女。小小的窑洞浓缩了黄土地的别样风情。

陕北窑洞民居发展至今，一方面并未摆脱中国传统的民居形式，如围合的院落，严格遵循等级制度的平面布局；另一方面又不同于传统的中国住宅，以其对自然绝对的亲和而散发着特有的魅力——源于土穴，依于土崖，融于土地，饰以土色。在文化观念上表现出一种极端的、令人感动的

　　窑洞的建筑材料的主体是生土，除石拱窑的拱壳要用不及总用料5%的石料外，砖拱窑的用砖也是生土所制。以生土为材料有诸多好处：就地取材，减少运输，节省木材，造价低廉，施工简便，保温和隔热性能良好。这就是窑洞经久不衰的主要原因。而尤其值得称道的是，生土是一种绿色建筑材料。民谚云："风吹熟的陈墙，火烧熟的旧炕，日头晒熟的脑畔，柞子捶熟的胡真。""场不长路长，房屋不长窑长。"这里所指的"熟"即是宜于种植的"熟土"，"长"是指宜于庄稼生长，倒塌或拆除的窑洞建筑垃圾由于经历了经年累月的风化和一系列复杂的涵养过程，"生土"变成了富含腐殖质的"熟土"而回归大自然，形成良性循环。从这个意义上说，生土实在是一种绿色建筑材料。

　　但毕竟黄土相对比较松软，建筑学家正在寻求一种使其变为高强度建筑材料的办法。自1980年以来，一些国家已经采用新型的土坯建造民居，研制出多种高强度土坯机具，并向发展中国家推广，试图从这里打开一个缺口，使民居建筑走上可持续发展的生态文明康庄大道。

亲土倾向。可以说，"亲土"是陕北窑洞之深刻的文化底蕴所在。

　　这一特有的居住方式之所以为千千万万的陕北人所喜爱、留恋，主要是由于它所具的乡土特色转而传达给人们一种浓烈的人情味。住进这一孔一孔的窑洞中，浸溢出现代城市住宅所没有的浓浓的亲密的邻里关系，生活空间显得那样紧密；它以强大的凝聚力，散发出强烈的地域感、安全感和家庭感。

　　延安的窑洞是朴实的，朴实得如同一抔黄土，不事张扬，从不炫耀，与大地浑然一体；窑洞是浑厚的，它背靠高山，脚踩大地，坚固牢靠，岿然不动；窑洞是有力度的，是不可战胜的，因为它与黄土地血肉相连，密不可分。从某种意义上说，延安窑洞是一种精神，有丰富的内涵：艰苦朴素，艰苦奋斗，顽强不屈，奋不顾身……尤其是与人民群众血肉相连，一切为了最广大人民群众的根本利益。这就是土生土长的延安精神。

土生土长的土文化

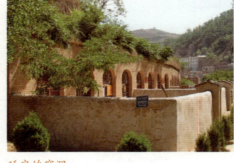

延安的窑洞

在延安，你总可以看见窑洞内外人群熙攘，中国人、外国人，都是一样的惊奇目光。拍照留影、分析谈论、摄像记载，土里土气的窑洞成了延安旅游的一大景观，也成了考察的重点对象，学习的重点内容，窑洞成了中国革命的见证，成了中国革命的形象教材。窑洞承担了重要的历史使命，窑洞也掀开了自身历史上的辉煌一页。

土文化的特质

生态环境因素深刻地制约着中国传统文化的形成发展及其基本特质。由于中国地域广阔，自然地理环境复杂多样，导致中国传统文化的多样性。

长城以北的沙漠与草原地区，是游牧民族生聚的地方。古代北方的北狄、匈奴以及后来的蒙古族、满族等过着逐水草而居的游牧生活，流动性很强，飘忽不定，富有掠夺性与侵略性，经常南下侵扰中原地区，形成了强悍的游牧文化。长城以南的农业区是以汉族为主的农耕民族的集居地，形成一种安土重迁的农耕文化。农耕民族为了防止北方剽悍的军事性的游牧民族南下侵略与破坏，就修筑了一道万里长城。长城主要用于军事目的，防止破坏，但并没有阻断双方商贸人员的往来，有控制地进行贸易和交流，互通关市。长城以南的农耕文化，由于自然环境和人文环境各异，形成很多富有地域特色的区域文化，如秦晋文化、巴蜀文化、楚文化、中原文化、齐鲁文化、吴越文化和岭南文化等，造就了中国传统文化多元一体的生动格局。这些多元文化的相互交融大大促进了中国传统文化的丰富与发展，特别是游牧文化为中原的农耕文化注入了一股强劲的精神活力。

尽管中国文明是多源发展的，但主体还是农耕文明。农耕民族与商业民族、游牧民族的特性的确存在着较大的差异。总的说来，商业民族、游牧民族体现为"好动"，变动不居；农耕民族的特性则体现为"好静"，安土重迁。对此，钱穆先生指出："游牧、商业起于内不足，内不足则需向外寻求，因此而为流动的，进取的。农耕可以自给，无事外求，并必继续一地，反复不舍，因此而为静定的，保守的。"和谐意识浸透着整个中国传统文化的各个层面，"天人合一"的思想成了中国文化传统的核心精神。中华民族历来有爱好和平的传统，"和为贵"的思想实际上是农耕民族长期心理的积淀，是农耕文化的一大重要特质，在很大程度上体现了农耕民族的静态特性。

在以汉民族的农耕文化主导下，古代中国一直处于一种近乎封闭、半封闭的生态环境之中，喜马拉雅山、青藏高原、西伯利亚荒原和中亚的戈壁沙漠，以及辽阔的海洋在四周形成了巨大的屏障，使中外文化交流受到了严重的阻碍。除公元三世纪印度的佛教文化传入中国，对中国传统文化产生过重要影响外，中国传统文化一直是在相对封闭和半封闭的环境下发生和发展的。因此，中国传统文化独树一帜、卓尔不群，成为一种独特的"隔绝的智慧"——中国智慧。它不仅富有特色，也有着明显的封闭性特色，对外开放意识不强，这对两千多年的中国社会发展产生了一些不利的影响。

中国传统文化是建立在小农经济的物质基础上的，因此文化中含有浓浓的"土"的气息，这也奠定了中华民族性格的基调——质朴。中国文化特质的依存之一，是以土地为重的牛耕方式的农业社会。农耕经济对中国传统文化的影响之深，无论怎样估计都不过分；中国的儒、道学说在很大程度上都是农耕经济的反映。中国传统上的很多思想观念，诸如政治上的集权主义与德治思想，经济上的"崇本抑末"与"不患贫而患不均"的平均主义倾向，文化上的"道并行而不悖，万物并育而不相害"的和合意识以及社会学上"大一统"的大同理想，都与之有关。

社会上特别是在一些城市的地域文化地区，常常说乡下人"土气"，虽则似乎带着几分藐视的意味，但这个"土"字却用得很好。土字的基本意义是指泥土。乡下人离不了泥土，因为在乡下住，种地是最普通的谋生方式。如今的城市瞬息万变，高楼大厦拔地而起，人们整天忙忙碌碌，疲惫不堪，很难有时间亲近泥土。所以，不知从什么时候起，进农家吃农家饭的人络绎不绝，农家乐、农家饭和农家餐馆应运而生。那些坐着奔驰、宝马或劳斯莱斯而来，啃着土鸡，喝着土酒，吃着"土"饭，不就是想要沾一点土气的光吗？

当然，从土里长出过光荣的历史，自然也会受到土的束缚。一位到内蒙古旅行回来的美国人很奇怪地问：你们中原去的人，到了这最适宜于放牧的草原，依旧锄地播种，一家家划着小小的一方地，种植起来，真像是向土里一钻，看不到其他利用这片地的方法。远在西伯利亚，中国人住下了，不管天气如何，还是要下些种子，试试看能不能种地。这样说来，我们的民族确是与泥土分不开的。

我们的祖祖辈辈在这片土地上日出而作，日落而息，凿井而饮，耕田而食，在这片辽阔的土地上生儿育女，寒来暑往，日月更迭，他们的青春、梦想、憧憬夹杂着苦难，烙下了深深的印痕。

形形色色的土文化，有没有共同的特质呢？笔者试做如下的归纳，作为土生土长的土文化特质的结束语。

悠久的历史：土生万物，土与人类生活和生存关系居于所有山、水、石文化之前，因此，它的历史最为悠久，对其他形态文化的影响最为深刻。

巨大的亲和力：自从人类出现在地球上，就与土打上了交道，靠着它住，靠着它吃，靠着它生生息息，这是土与人亲密无间的亲和力。靠着这巨大的亲和力，又衍生出种种文化形态：衣、食、住、行、语言、文字、风俗习惯、生命活力……总之，包括人一生的生、老、病、死有关的生理和心理活动，并且继续亲密地影响着整个人类的社会文化发展。

深厚的文化背景：中国的土文化是在农耕文化的大背景下发展起来的。换句话说，在中国特定的生态环境中，随着农耕文化的发展而逐渐形成了独特、内敛、保守和多元化的中国土文化。

独特的地域性：土文化传统也是一种空间的文化传统。在一个相对稳定的空间范围内，在自然地理环境和人文社会因素等多种要素作用下，在一个相当长的历史时期中，逐步孕育和形成了各个地域所具的独特的地域性特质；而地域性的土文化又制约着整个地域文化的特质和发展。

时代的创新性：土文化传统可以通过外化为乡土文化产品，外显为乡土文化景观，外现为乡土文化经济活动，外成为农业生产活动的组成部分来实现其显性经济功能。这是有别于农耕文化的现代土文化的最大特点，在现代化进程中有着强劲的创造性和生命力。